JÖRG MANGOLD

— IM HIER UND JETZT

Gedanken und
Erinnerungen eines Jägers

KOSMOS

INHALT

TEIL DES GROSSEN GANZEN

JÖRG MANGOLD – ARZT, JÄGER, Autor, Maler und Familienmensch – so könnte man sein Leben in aller Kürze zusammenfassen und würde seiner Person doch nicht gerecht werden. Auch wenn das heute so oft nicht mehr gesagt wird: Jörg Mangold ist ein Mann vom alten Schlag.

Die Liebe zu den Menschen, das Bedürfnis, ihnen zu helfen, für andere da zu sein, paart sich mit einem einfühlsamen Blick auf die Natur und die Mitgeschöpfe. So hat er auch die wunderbare Gabe, seine Empfindungen und einfühlsamen Beobachtungen nicht nur in Worten, sondern auch in seinen Aquarellen einzufangen. Hier spürt man, dass es bei der Jagd nicht nur um Beute geht oder um die Nutzung bester technischer Errungenschaften, sondern um einen respektvollen, achtsamen und liebevollen Umgang mit der Schöpfung und den Mitgeschöpfen, die uns anvertraut sind und für die wir Verantwortung tragen.

Jörg Mangold sieht sich als Teil eines großen Ganzen, für das er eine Mitverantwortung trägt. Seine Gedanken und seine Bilder in diesem Buch sind dafür ein unwiderlegbares Zeugnis.

Mit dem Herzen bei den Menschen und allem, was uns umgibt, mit Farbe und Pinsel das wiedergebend, was uns anvertraut ist und uns immer wieder staunen und demütig sein lässt, mit Worten den Empfindungen eines einfühlsamen und verantwortungsvollen Jägers umgehend – so habe ich Jörg Mangold kennen und schätzen gelernt.

Schön, dass es Menschen, wie ihn in unserer Zeit gibt. Ich wünsche allen viel Vergnügen und Inspiration bei der Lektüre.

Klemens Geiger

MEIN VERSPRECHEN

ICH WILL

den Wald lieben, *weil aus der Liebe zu den Wesen des Waldes, seinen Bäumen, Blumen und all seinem Getier das Erleben seiner Schönheit erwächst,*

den Wald kennenlernen, *weil aus der Kenntnis des Einzelnen die Erkenntnis des Gesamten, der großen Gemeinschaft zwischen Wald und Menschen sich ergibt,*

den Wald schützen *lernen, weil er in unserem Zeitalter bedroht ist und Schaden nur verhütet werden kann, wenn auch ich guten Willens bin.*

Deshalb gelobe ich mit meiner Unterschrift, dem Wald ein treuer Freund zu sein und zu bleiben.

DIESES GELÖBNIS HABE ICH damals als Zwölfjähriger freudig bejahend und voller Stolz mit meiner noch recht kindlichen Unterschrift besiegelt, als ich 1961 Mitglied der Deutschen Waldjugend wurde. Diese 1957 gegründete und heute noch existierende Jugendorganisation der Schutzgemeinschaft Deutscher Wald hat sich zum Ziel gesetzt, Jugendliche in den Wald zu führen, sie frühzeitig in die Geheimnisse dieses Wunderwerkes einzuweihen und sie in einer Art pfadfinderähnlichen Einrichtung als Mitverantwortliche für die Bewahrung des Waldes mit all seinem Getier zu gewinnen.

Wir nannten uns »Waldläufer«, trugen wie die Pfadfinder eine eigene Kluft mit grünem Hemd und vorn geknotetem grünen Halstuch und hatten zum Ziel, dem Wald Gutes zu tun. All unsere guten Taten wurden in den Waldläuferbrief eingetragen und von einem Paten, einem Forstmann oder auch Jäger, mit Stempel und Unterschrift bestätigt. Wie stolz war ich über immer neue Einträge, und wie anspornend wirkten die Belobigungen meines mich betreuenden Paten, eines Revierförsters aus dem mein Elternhaus umgebenden Wald.

Anfangs waren es nur vergleichsweise niedere Dienste, die ich dem Wald anbieten konnte, wie das Sammeln allerlei achtlos weggeworfener Flaschen, leerer Konservendosen oder Plastiktüten, aber schon bald interessierte ich mich für Insekten, Käfer und besonders für die gefiederten Waldbewohner, studierte deren Laute und Gesang und zimmerte für sie Futterhäuschen und Nistkästen, sammelte Federn, Schneckenhäuser, bizarre Wurzeln und Steine. Ich presste in meinem Lateinbuch Farne und Blumen und archivierte sie in meinem Herbarium. Ich saß oft stundenlang bei den Waldarbeitern oder den »Kulturweibern«, wie der Förster die beiden Pflanzerinnen bezeichnete, um halt einfach nur im Wald zu sein. Sie freuten sich, wenn ich zu ihnen kam. Der harzige Duft nach frisch geschlagenen Fichten oder Tannen weckt auch heute noch in mir die Erinnerung an diese wunderschöne Zeit meiner Kindheit und lässt mich dabei selig schwelgen.

Höhepunkt meiner Waldäuferlaufbahn war ein Forsteinsatzlager, wo Waldläufer aus dem gesamten Bundesgebiet in einem aufgelassenen Steinbruch ihre Zelte aufschlugen, um dem Wald zu dienen und um in vielen Unterrichtsstunden erste Einblicke in das jagdliche Brauchtum und das jägerische Handwerk zu gewinnen. In mit breitem Pinsel aufgetragenen riesigen weißen Lettern, stand auf der das Zeltlager begrenzenden, kahlen Felswand zu lesen: ALLEN HILFT DER WALD. Die große Bedeutung dieses, von dem Gründungsmitglied der Schutzgemeinschaft Deutscher Wald, Dr. Erich Hornsmann, stammenden Leitspruchs wurde mir mehr und mehr bewusst, je intensiver ich mich im und mit dem Wald beschäftigte.

Meine spätere tiefe Freundschaft mit dem Forstmann, Jäger und Maler Walther Niedl und die vielen, oft bis in die tiefe Nacht mit ihm geführten Gespräche über Wald und Wild, haben mir die schier unerschöpfliche Wohlfahrtswirkung des Waldes, ganz besonders aber auch die Gefahren, denen der auf eine hastige, gleichförmige Holzproduktion ausgerichtete Wald ausgesetzt ist, so richtig vor Augen geführt. Als Maler hatte Niedl zur Natur, der er mit großem Respekt und Bewunderung begegnete, ein ganz besonderes Verhältnis. Alte Bäume, die er malte, waren für ihn keine Objekte, sondern Subjekte, denen er geistig verbunden schien, ohne dabei ein »Baum-

Den Wald, seine Wesen und sein »Getier« lieben und schützen …

flüsterer« oder »Baumumarmer« zu sein. Stets hat er aber auf die besondere, beinahe schicksalsverwandte Beziehung des Menschen zum Baum als Einzelwesen hingewiesen, deren Ursprung in der Mythologie zu suchen ist.

Im fortgeschrittenen Alter oft ein wenig der Resignation nahe, tröstete sich Walther Niedl mit der Erkenntnis, dass der Wald über eine so große vitale Regenerationskraft verfügt, dass er trotz Insektenfraß, Waldbrand, Plünderung und auch mancher forstlicher Planungsfehler wächst, blüht und gedeiht. Gerade dieser immer wieder siegreich gewonnene Kampf um das Dasein, so Niedl, gebe dem Wald jene unbeugbare Regenerationskraft, die ihn zum Wohltäter, ja für uns Menschen geradezu zum Garanten für den Fortbestand unseres Lebens macht. Ein besonderes Anliegen war ihm immer wieder die Untrennbarkeit von Wald und Wild zu betonen, eine Lebensgemeinschaft, von der beide profitieren. Es sei unsere Pflicht, den Tieren des Waldes ihren Lebensraum zu erhalten, das Wild als Ganzes mit der Umwelt zu betrachten. Wir können nicht dem Wild dienen, so Niedl, ohne zugleich bemüht zu sein, zuerst seinen Lebensraum, seine Lebensbedingungen in Ordnung zu bringen.

Heute bin ich Jäger und seit über dreißig Jahren Pächter eines Waldrevieres. Den hohen erzieherischen Wert meines früheren Waldläuferdaseins kann ich nicht leugnen. Ich bücke mich bei meinen Pirschgängen auch heute noch nach einem achtlos weggeworfenen Bonbonpapier und suche neugierig im Geäst nach dem Vogel, dessen Gesang ich höre. Frisch geschlagenes Holz riecht heute noch so gut wie damals, aber ein Plausch mit dem Fahrer des Holzvollernters bleibt verwehrt. Zu meinem Gelöbnis stehe ich auch heute noch.

Ich bin dem Wald noch immer ein treuer, mittlerweile alter Freund.

ES IST ZEIT

VIREN SIND EIN NATÜRLICHER Bestandteil von Ökosystemen und wir sind in ständigem Kontakt mit ihnen. Zum Problem werden sie, wenn wir intakte Ökosysteme beschädigen. Ja, es ist Zeit, darüber nachzudenken.

Nicht hinausgehen dürfen. Sich nicht in der Natur unter freiem Himmel niederlassen dürfen. Ein schrecklicher Gedanke! Wie, im wahrsten Sinne des Wortes, befreiend liest sich da eine Verlautbarung von oberster Stelle, dass Jäger auch in Coronazeiten auf die Jagd gehen dürfen. Diese Legitimation, die manche mit Ausgangssperre belegten Mitbürger neidvoll betrachten, wird mit der Notwendigkeit der Seuchenprävention im Rahmen der afrikanischen Schweinepest begründet. Ich darf also, wann immer ich auch den Drang nach Freiheit und Naturnähe spüre, raus ins Revier. Ich lasse mich gern in den Dienst der Seuchenprävention stellen, wenngleich Sauen in meinem Revier seltene Gäste sind. Was mich jetzt treibt, ist die Sehnsucht nach Stille im Wald und Begegnungen mit dem Unberührten. Sehr heilsam sind solche Stunden ganz besonders in dieser Zeit, in der die Natur uns Menschen auf der ganzen Welt ratlos und ängstlich an ihrem bisher mütterlichem Verhalten ein wenig zweifeln lässt und wir uns im Schoss der Mutter Erde gar nicht mehr so sicher fühlen.

Fragen beschäftigen uns in dieser Zeit. Wir sprechen oft von der Schöpfung, bewundern ihre Großartigkeit und Vielfalt und reden immer vollmundig davon, sie zu bewahren. Tun wir das wirklich? Eigentlich müsste der Natur doch auch unser Leben, unser Dasein und Wohlergehen am Herzen liegen? Oft verstehen wir sie nicht. Bei genauer Betrachtung ist die Schöpfung ein ständiger Prozess, der unaufhaltsam in einem Werden und Vergehen nach Verbesserungen strebt und Fehlentwicklungen korrigiert. Alles Leben in der Natur, vom Käfer bis zum Hirsch, hat seinen fest angestammten Platz und hat in dem fein aufeinander abgestimmten Räderwerk der Naturabläufe seinen Beitrag zu leisten, will heißen, alles am Laufen zu halten. Die Vorgänge in der Natur sind für uns Menschen oft nur schwer nachzuvollziehen. Die Natur sei unerbittlich und unveränderlich, so der

Gelehrte und Philosoph Galileo Galilei um 1700, und es sei ihr gleichgültig, ob die verborgenen Gründe und Arten ihres Handelns dem Menschen verständlich sind oder nicht.

Ludwig Benedikt Freiherr von Cramer-Klett schreibt 1968: »Die Natur hilft sich – in manchmal freilich schwerverständlich großzügiger Weise – immer selber, wenn die Gesetze ihrer Kreisläufe durch irgendwelchen Eingriff gestört, ihre Fäden verwirrt worden sind. Sie hat für alle Zwischenfälle ihre geheimen, sofort funktionierenden Notverordnungen bereit. Wirklich etwas verderben kann ihr nur der Mensch.«

Als Jägerinnen und Jäger sind wir, sofern wir die Jagd ernsthaft und verantwortungsvoll betreiben, der Natur besonders nahe. Im Laufe unseres Lebens werden wir, egal welcher Religion wir angehören, die Erkenntnis gewinnen, dass eine uns nicht bekannte Kraft das Naturgeschehen lenkt und leitet und wir Menschen uns nicht als die Krone der Schöpfung bezeichnen dürfen. Diese Erkenntnis wird nicht sofort mit dem Erlangen eines Jagdscheines erworben. Es bedarf dafür eines langen Jägerweges mit Hindernissen, Selbstzweifeln und beglückenden Höhepunkten.

Spätestens, als 2004 schon viele Stunden vor dem Ausbruch des verheerenden Seebebens in Indonesien die Elefanten vor der Katastrophe ins Landesinnere flüchteten, wurde uns klar, dass Tiere über eine ganz besondere, lebensrettende Sensibilität verfügen müssen. Das Leittier einer Rinderherde, die nach frühherbstlichem Schneefall in den Salzburger Bergen vorzeitig zu Tal getrieben wurde, stoppte vor einer Felswand plötzlich den ganzen Tross und weigerte sich standhaft, trotz gutem Zureden und aufmunternden Stockhieben, weiterzuziehen. Noch während sich Ratlosigkeit unter den Sennern breit machte, wurde der Steig von einer gigantischen Lawine verschüttet, die für Mensch und Tier den sicheren Tod bedeutet hätte. Handelte es sich dabei um eine Vorahnung oder um eine nur den Tieren innewohnende und uns Menschen abhanden gekommene ganz besondere Sensibilität für spürbare Veränderungen?

Es wäre ein Traum, wenn wir Menschen wieder mehr unsere Sinne schärften, achtsamer, sorgsamer mit der Natur umgingen und so Veränderungen in der Natur früher erkennen und früher auf sie reagieren könnten, um ihr feines Räderwerk zu wahren und eine Krise des natürlichen Systems zu vermeiden. Wir wissen, dass sich Viren in intakten Lebensräumen nicht so flä-

Der faszinierende Uhu – wie alle Eulen Symbol für Weisheit, Intelligenz und Einsicht

chendeckend ausbreiten. Sie verharren eher in einer Nische und verschwinden vielleicht auch wieder. In stark gestörten Ökosystemen mit geringer Biodiversität dagegen wird eine Epidemie immer wahrscheinlicher.

Wieder mehr fühlen und sensibel spüren und die Wertschätzung für die natürliche Umwelt stärken, so wie es am weltweiten »Tag der Erde« gefordert wird, daraus Lehren ziehen und zum Schutz der Biodiversität handeln, wäre weltweit die beste Prävention zur Wahrung unserer natürlichen Lebensgrundlagen. Allerdings gelingt das nur durch eine friedliche, weltweite Zusammenarbeit aller Menschen. Auch wir Jägerinnen und Jäger können einen Beitrag dazu leisten.

HÖREN, WIE DIE UHREN TICKEN

» *Bei genauer Betrachtung hat das Jagdrevier Gemeinsamkeiten mit einem Uhrenladen.* «

NICHT SELTEN BIN ICH SCHON FRÜH WACH, aber meist weckt mich meine alte Hündin »Zirbe« mit einem anfangs rücksichtsvoll leisen und dann immer lauter werdenden Klopfen ihrer nicht mehr so üppig behaarten Rute an meiner Bettkante. Sechs Uhr zehn! Zirbes Wecksignale kommen unabhängig von der Jahreszeit pünktlich auf die Minute. Man könnte die Uhr danach stellen. Pünktlichkeit, so sagt man, sei eine bürgerliche Tugend. Ich will der alten, in Würde ergrauten Schweißhündin ein tugendhaftes Verhalten nicht absprechen, aber ich weiß, dass ihr Weckruf einzig und allein durch den Druck auf ihre Blase ausgelöst wird.

»Pünktlichkeit ist eine Zier, doch weiter kommt man ohne ihr«, lautet ein Sprichwort. Wenn es im Sommer zum Morgenansitz geht, muss ich Zirbe schon auch mal wecken, aber jetzt im Winter hätte ich nichts dagegen, wenn sie es ein Viertelstündchen länger in ihrem, mit einer alten Lodenkotze ausgepolsterten Korb aushielte. Wir müssen nicht unbedingt auf die Minute genau im Revier sein. Jagderfolg ist ohnehin nicht berechenbar.

Wenn es auf die Jagd geht, will ich frei sein von zeitlichem Druck. Der Blick auf die Uhr, das habe ich im Lauf der Jahrzehnte in meinem Revier erfahren, erübrigt sich meist, denn viele optische und akustische Signale, vom stündlichen Glockenschlag der Dorfkirche ganz abgesehen, zeigen mir fast auf die Minute, wie spät es ist. Da entsteigen am Parkplatz früh morgens Punkt sechs Uhr dreißig die beiden Damen ihrem Auto, knallen die Türen zu und eilen, von ihren in den Boden gerammten Walkingstöcken angeschoben, laut palavernd durch den Wald. Der Gesprächsstoff scheint ihnen nie auszugehen. Neuerliches Türknallen, sieben Uhr fünfzehn. Sie sind wieder weg.

Kurz darauf eilt ein roter Kleinwagen auf der für den Verkehr gesperrten Waldstraße flott dahin. Die alte, bettlägerige Hinzinger weiß, dass sie sich tagtäglich auf den Besuch des Pflegedienstes verlassen kann. Ich mache spaßeshalber einen Uhrenvergleich. Dass die Pflegerin nicht immer pünktlich auf die Minute ihren so wertvollen Dienst machen kann, ist klar, aber ich weiß, dass es auf acht Uhr zugeht.

Beim Ansitz auf den Fuchs in stiller Winternacht höre ich ganz in der Ferne das warnende Hupen der Rottalbahn, wenn sich der Zug dem unbeschrankten Bahnübergang nähert. Sollte er keine Verspätung haben, müsste es etwa zweiundzwanzig Uhr sein. Um dreiundzwanzig Uhr erhellen die Scheinwerfer eines herannahenden Autos das Schneefeld. Der Hans kommt von der Nachtschicht heim. Also Zeit zum Abbaumen.

Mit der Dämmerung kommt der flüchtige Augenblick, in dem die Schnepfe streicht.

Um sich mit Sinn, Herz und Verstand ganz in die Natur einfühlen und sich als ein kleiner Teil von ihr erkennen zu können, müssen wir, wenn es auch oft schwerfällt, im Sommer schon vor dem Morgengrauen draußen im Revier sein. Der neue Tag beginnt in der Mitte der Nacht, und schon etwa achtzig Minuten vor Sonnenaufgang können wir uns dank einem biologischen Zeitansager den Blick auf die Uhr sparen, wenn der Gartenrotschwanz zu seinem Morgengesang anhebt und sich zehn Minuten später der Hausrotschwanz einklinkt. Mit ein wenig ornithologischem Wissen werden wir bei genauem Hinhören erkennen, wie nacheinander Singdrossel, Amsel, Rotkehlchen, Zaunkönig, Zilpzalp und Kohlmeise, nicht auf die Minute genau, aber dennoch rechtzeitig zum Sonnenaufgang, ihren Einsatz nicht verpassen. Ein morgendliches Vogelkonzert, untermalt vom herübergetragenen Gebetläuten der Dorfkirche und der über dem Horizont langsam in den Himmel steigende Sonnenball, lassen einen demütig und dankbar werden und man darf für den Jagdtag die Erkenntnis mitnehmen, dass alles in der Natur eine Seele haben muss.

Rehe und insbesondere Rehböcke ziehen noch genug ihre Fährte in meinem Wald. Böcke, nach deren zeitlichem abendlichen Auftauchen auf den Wiesen man wie früher einmal die Uhren hätte stellen könnte, sehe ich keine mehr. Sie kommen entweder erst in der Dunkelheit, am Mittag oder auch gar nicht. Was ist da mit ihrer inneren Uhr passiert?

Man täte den Rehen Unrecht, würde man sie als unzuverlässig und unstet bezeichnen. Bei genauer Betrachtung und Beobachtung wird man erkennen, dass sie sehr wohl gern ihrer inneren Uhr folgen würden, aber sie zögern, sie sind unschlüssig, sie haben Angst, Angst vor uns Menschen, die wir mit unseren Freizeitaktivitäten nahezu rund um die Uhr ihre innere Uhr aus dem Takt bringen.

Auch die Nacht, auf deren einzigen Schutz sich die Wildtiere bislang verlassen konnten, machen wir ihnen mit der modernen Nachtsichtoptik streitig. Wir machen die Nacht zum Tage und drängen den Wildtieren unseren Rhythmus auf. Wir sollten nach Möglichkeit – und mit etwas guten Willen geht das – lernen und erkennen, wie die Natur tickt, und deren innere Uhr respektieren. Auf Zirbes innere Uhr habe ich mich längst eingestellt und das Aufstehen um sechs Uhr zehn kommt uns beiden sehr zugute.

DIE ZEIT LÄUFT

> *Eins, zwei, drei im Sauseschritt*
> *läuft die Zeit; wir laufen mit.*

DER VORSTEHENDE ZWEIZEILER des genialen Dichters und Zeichners Wilhelm Busch hat, so scheint es mir jedenfalls, seine Gültigkeit verloren. Es gab eine Zeit, da glaubten wir Technikgläubigen sogar, der Zeit voraus zu sein. Was für eine Fehleinschätzung! Jetzt scheint es uns sogar schwerzufallen, mit ihr Schritt zu halten. Sie ist dabei, uns Menschen auf dem Planeten Erde gnadenlos zu überholen, sie läuft uns im wahrsten Sinne des Wortes davon.

Als Jäger haben wir ein ganz besonderes Verhältnis zu Zeit. Wir haben ganz besondere Zeiten, genauer gesagt Zeitfenster im Jahreslauf, durch die wir im Revier wunderbare Dinge sehen und bestaunen dürfen. Es sind Fenster, die anderen Menschen, die der Natur nicht so nahestehen wie wir, verschlossen bleiben. Egal ob Rauschzeit des Schwarzwildes, Ranzzeit des Fuchses, Balzzeit des Großen und des Kleinen Hahnes, Blattzeit des Rehwildes, Brunftzeit des Rotwildes und der Gams. Alle diese sich gegenseitig ablösenden oder ineinander übergehenden Zeiten beanspruchen nur wenige der dreihundertfünfundsechzig Tage des Jahres, und dennoch füllen sie das ganze Jahr eines Jägers aus, lassen ihm wenig Zeit für andere Dinge.

Wenn es gilt, das behördlich angeordnete Abschusssoll zu erfüllen, kann die Zeit manchmal drängen, aber ansonsten, wenn wir ehrlich sind, ist es jagdlich für uns kaum ein Problem, mit der Zeit, der Jagdzeit, Schritt zu halten. Es mag daran liegen, dass wir uns für das Jagen gern Zeit nehmen, sie mitunter sogar ohne schlechtes Gewissen stehlen. Ich halte es gern mit dem Kärntner Jäger Otto Zernatto, der einst sagte: »Die Zeit, oh Freund, bleibt niemals stehen, drum nutze sie zum Jagern geh'n.«

Noch liegt Altschnee, aber das Lied des Auerhahns verheißt Frühlingserwachen.

Klimawandel, Erderwärmung, Artenschwund sind Fakten, die uns Menschen jetzt aufschrecken, irritieren, ängstigen, ratlos machen, uns nach Schuldigen an der globalen Misere suchen lassen, die aber auch unser eigenes Gewissen belasten und uns wachrütteln. Uns wird bewusst, dass die Zeit drängt. Wie viele Jahre unsere Mutter Erde auf dem Buckel hat, können wir gar nicht erahnen. Stets hat sie sich in dem unendlich weiten Universum weiterentwickelt zu einem grandiosen, belebten sogenannten Blauen Planeten und das bis auf den heutigen Tag. Und nun soll sie plötzlich schwer krank sein? So ganz will uns das nicht in den Kopf gehen.

»Die Natur bekümmert sich nicht um irgendeinen Irrtum; sie selbst kann nicht anders als ewig recht handeln, unbekümmert, was daraus erfolgen möge.« Dieser Satz von Johann Wolfgang von Goethe stimmt mich nachdenklich. Sind ihre Selbstheilungskräfte etwa allmählich erschöpft?

Ich bin in dem an Fossilien reichen Fränkischen Jura aufgewachsen und habe als Jungjäger meine ersten jagdlichen Schritte dort getan, wo man 1861 den Archaeopteryx, die weltweit bekannte Versteinerung des Urvogels, gefunden hat. Vor über einhundertfünfzig Millionen Jahren hat er hier gelebt und gilt im Rahmen der Evolution als Übergangsform zwischen den auf dem Boden dahinschreitenden Dinosauriern und den flugfähigen Vögeln. Was hat die Natur seit dieser Zeit alles vollbracht!

Wie wird sie weiter handeln, sich weiter verändern, ohne auf uns Menschen Rücksicht zu nehmen? Heute glauben wir, oder wir sind uns ziemlich sicher, die Ursachen für die Erderwärmung zu kennen, und wir wüssten auch Mittel und Wege, um den Klimawandel zwar nicht zu stoppen, aber so doch wenigsten abzumildern. Das kostet nicht nur Geld, sondern auch Zeit, und die ist das begrenzteste Mittel, das uns zur Verfügung steht.

Wir Jäger, der eine mehr, der andere weniger, haben im Laufe unseres Jägerlebens eine ganz besondere Sensibilität für die Vorgänge und Veränderungen draußen in der Natur entwickelt. Wir spüren und beachten den Wind, wir riechen das modernde Laub, den nahenden Frühling, den Duft nach Heu und Harz im Sommer und im September den Beginn der Hirschbrunft. Wir wissen um die Auf- und Untergangszeiten des Mondes und der Sonne. Wir vernehmen und registrieren den Balzruf der aus dem Winterquartier zurückkehrenden Schnepfe, den Ruf der Kraniche und der ziehenden Wildgänse. Noch ist, oder vielleicht besser gesagt, scheint für uns Jäger alles in Ordnung. Getrost lassen wir uns zu Beginn des Jagdjahres vom Ruf des balzenden Taubers in das neue Jagdjahr begleiten und freuen uns auf die vielen Zeiten, die es uns Jahr für Jahr beschert.

Das besondere Feingefühl für Veränderung in der Natur dürfte allen Jägern weltweit gemein sein. Sie werden die Auswirkungen des Klimawandels auf die belebte Natur, auf den Lebensraum aller frei lebenden Tiere sicherlich eher spüren als die Menschen in den Städten und naturfernen Ballungszentren der Welt. Wir Jäger nennen uns gern die Anwälte des Wildes. Es wird Zeit für uns, bald weltweit ein Plädoyer zu halten. Die Zeit läuft.

TREUE GÄSTE

SCHON AM MORGEN HAT DER WETTERDIENST für den Abend Gewitter angekündigt. Nun zeigen es mir auch die blitzschnell knapp über der Wasseroberfläche des kleinen Fischweihers dahinstreichenden Schwalben, dass aus dem allmählich sich verdunkelnden Himmel bald die ersten Tropfen fallen werden. Als Wetterpropheten haben sich die gefiederten Flugakrobaten ebenso einen Namen gemacht, wie als unermüdliche Fänger von Fliegen, die jetzt bei aufkommendem Wind und Regen naturgemäß größere Flughöhen verlassen und die Schwalben mit sich ziehen. »Fliegt die Schwalbe hoch, wird das Wetter schöner noch, fliegt die Schwalbe nieder, kommt grobes Wetter wieder.« Diese alte Bauernregel könnte sich gleich bestätigen.

Die Schwalben, am Morgen noch hoch oben im blauen Himmel nur als kleine dunkle Punkte auszumachen, berühren jetzt mit ihren Flügelspitzen oder mit ihren Insekten aufnehmenden Schnäbeln sacht die Wasseroberfläche und zaubern, ähnlich den ebenfalls nach Eintagsfliegen steigenden Forellen, sich gegenseitig überlagernde Wellenringe. Welch ein bescheidenes und doch wunderbares Naturschauspiel, wenn man es zu erkennen vermag.

Alle frei lebenden Geschöpfe sind herrenlos. Keiner darf Besitzansprüche stellen, aber dennoch denke ich, es sind »unsere« Schwalben, die hier vor meinem Hochsitz ihre Flugkünste zeigen. Meine Frau und ich haben sie auch in diesem Jahr wieder sehnlichst erwartet und ihnen, wie all die Jahre zuvor, im Pferdestall Kost und Logis gewährt. Die von den Rössern abstrahlende Wärme schätzen sie ebenso, wie die über den dampfenden Pferdeäpfeln schwebenden Myriaden von kleinen Fliegen.

Unsere Freude war groß, als sich erstmals Schwalben in unserem Stall einquartierten. Ein von mir über der Heuraufe sorgsam angebrachtes Brettchen hatten sie als gut gemeinte Nisthilfe verschmäht und sich dafür dicht über der Eingangstüre innerhalb weniger Tage, Klümpchen für Klümpchen, ihr Nest zusammengekleistert. Welch eine Leistung! Abends saßen sie nach getaner Arbeit eng beieinander auf einem Entlüftungsrohr und beäugten uns, anfangs noch etwas unsicher und ängstlich, aber schon nach wenigen Tagen zeigten

Pferd und Schwalbe, eine Stallgemeinschaft – beispielgebend für ein friedliches Miteinander

sie keinerlei Scheu mehr. Vielmehr schien es ihnen Freude zu machen, uns von der Heuraufe aus bei der Stallarbeit zu beobachten, auch auf die Gefahr hin, dass ihnen ein Heu zupfendes Pferd oder eine Mistgabel zu nahe kommen könnten. Sie standen fortan unter unserem ganz besonderen Schutz.

Tiere sollte man nicht vermenschlichen, aber man darf sie auch nicht wie seelenlose Geschöpfe behandeln. Man darf sie ins Herz schließen und ihnen auch, wie ich meine, einen Namen geben. Fortan nannten wir sie Maria und Josef, weil sie doch, ähnlich wie ihre heiligen Namensvettern nach langer Reise Zuflucht in einem Stall gefunden hatten, um hier ihren Nachwuchs auf die Welt zu bringen. Wir redeten mit ihnen, oder besser gesagt, redeten auf sie ein, wie man es halt auch mit einem Pferd, einer Katze oder einem Hund tut.

Auch der Heilige Franziskus, so die Legende, sprach zu den Vögeln: »Meine lieben Schwestern und Brüder Vögel, Gott hat Euch die Freiheit geschenkt. Ihr könnt fliegen, wohin ihr wollt. Ihr findet überall reichlich Futter, Bäume, in denen ihr eure Nester bauen und Bäche und Seen, aus denen ihr trinken könnt. Und Gott hat euch ein wunderschönes Federkleid geschenkt. Seid ihm für alles dankbar und lobt ihn mit eurem wunderbaren Gesang.«

Maria und Josef haben meine Frau und mich reichlich beschenkt. Nach zwei Wochen sorgsamer Brut schlüpften fünf kleine, nackte Schwälbchen, die sich schon drei Wochen später sehr mutig, aber dennoch etwas unsicher über die Rücken der Pferde hinweg hinaus ins Freie schwangen und uns mit ihren Flugkünsten und ihrem fröhlichen Gezwitscher erfreuten. Es war uns klar, dass Maria und Josef samt ihrer jungen Brut schon bald unsere Einöde wieder verlassen würden, um sich, einem alten Naturgesetz folgend, wieder auf die weite Reise in ihr angestammtes Winterquartier im Süden Afrikas zu machen. Ein weiteres Mal bestätigte sich eine alte Bauernregel, ein empirisches Wissen, welches sich auf Naturbeobachtungen vieler Generationen gründet: »An Mariä Geburt fliegen die Schwalben wieder furt.« Dieser besondere Tag der Geburt Mariens im Kirchenjahr ist der achte September. Und tatsächlich, schon am neunten September war es still im Stall und Hof. Sie waren weg. Wir waren fast ein wenig traurig und enttäuscht. Sie hätten sich doch wenigstens irgendwie verabschieden können, anstatt sich im wahrsten Sinne des Wortes sang- und klanglos aus dem Staub zu machen, meinte meine Frau etwas enttäuscht und ging wie gewohnt der Stallarbeit nach. Drei Tage später jedoch ereignete sich etwas, was ein Menschenherz besonders bewegt und uns Menschen zu kühnen Interpretationen verleitet. Maria und Josef, die wir längst über Norditalien vermuteten, waren wieder da. Sie saßen am frühen Morgen mit zur Seite geneigten Köpfchen auf der Heuraufe, blickten aus kurzer Distanz mit ihren dunklen Äuglein meine Frau für einen Moment an und mit einem lauten Zwitschern flogen sie endgültig davon. Das war, so bildeten wir uns das ein, die Verabschiedung, die wir nicht ganz ernst gemeint, angemahnt hatten. Ohne Zweifel mussten die beiden Altvögel aus irgendeinem Grund, allen Bauernregeln zum Trotz, außerplanmäßig wieder umgekehrt sein, was sie eigentlich erst um den fünfundzwanzigsten März tun, wenn es heißt: »An Mariä Verkündigung kommen die Schwalben wiederum.«

Der Vogelzug ist eines der großen noch nicht ganz erforschten Naturgeheimnisse, das mich immer wieder zutiefst beeindruckt. Im März ist es die zurückkehrende Schnepfe, im April die Schwalbe. Beide machen uns klar, dass die Erde eigentlich grenzenlos ist und dass es immer wieder eine Heimkehr geben wird. Wir können viel von ihnen lernen.

MIETNOMADEN

» *Jemandem Gastrecht zu gewähren, war schon immer Zeichen von Kultur.* «

EHRLICH GESAGT BIN ICH FROH, heilfroh, dass sie endlich wieder weg sind. Sie haben ein echtes Chaos hinterlassen. Es müssen mehrere gewesen sein. Sie haben Bücher aus dem Regal geworfen, die noch halbvolle Flasche mit dem Williamsbirnenbrand umgekippt, einige ganz akkurat aufgehängte Rehgehörne zu Boden und deren Nasenbeine zu Bruch gehen lassen und die am Kleiderhaken hängende Rolle Toilettenpapier unbrauchbar gemacht. Überall, auf der Bank, den Stühlen und dem Tisch haben sie ihre, von der Form her Erdnussflips ähnelnden Losungswürstel hinterlassen. »Pfui Deifi!«, hab ich laut vor mich hin geflucht, als ich nach dem Öffnen der Hüttentür der ganzen Bescherung gewahr wurde.

Damit nicht genug! Zu dem kleinen Wandschränkchen, in dem ich Geschirr und Gläser verwahre, haben sie sich durch eifriges Nagen von der Rückwand her Zugang verschafft, alle Fächer mit Laub aufgefüllt und sich so ein behagliches Winterschlafquartier geschaffen, das sie gottlob schon verlassen hatten. Beim Aufziehen der Tischschublade stieß ich dann aber doch noch auf einen dieser Penner. Er musste in seinem dort eingerichteten Laubbett verschlafen haben. Nur die graue, buschige Schwanzspitze des Siebenschläfers lugte unter den Blättern hervor, die sich sacht im Atemrhythmus des Nagers hoben und senkten. »Auch das noch!«, flüsterte ich leise, um den Schläfer nur ja nicht aus seinen Träumen von sonnengereiften Waldfrüchten zu wecken, und ich versuchte, die leicht klemmende Schublade wieder zu schließen.

Diese ruckartigen Bewegungen müssen den Bilch jäh aus seiner Traumseligkeit gerissen haben. Wie eine Rakete schoss er förmlich aus dem von Laub bedeckten Besteckkasten heraus, dass die Gabeln und Kaffeelöffel klirrten, die staubtrockenen Blätter zerrieselten und ich vor Schreck mit dem Kopf gegen die von der Decke herunterhängende Petroleumlampe stieß. Ich habe keine Angst vor Wolf, Keiler und auch nicht vor bellenden Hofhunden, aber das Auftauchen von buschigem, mäuse- oder rattenartigem Kleingetier löst bei mir einen Fluchtreflex aus. Mit dem Besen klopfte ich alle Winkel meiner Jagdhütte ab und mit lautem »Hurax, dax, dax«, einem Geschrei, wie man es sonst nur aus Treiberkehlen kennt, gelang es mir schließlich, den ungebetenen und ungeliebten Untermieter, der, wie es schien, das Feld nicht kampflos zu räumen gedachte, ins Freie zu bugsieren. Geschafft!

Ein ungebetener und ungeliebter Gast? Bilche sind nach dem Naturschutzgesetz streng geschützt. Nichts darf man ihnen antun. Behaupten wir nicht immer, dass Jagd aktiver Naturschutz ist, dass wir Jäger Naturschützer sind, um unser jagdliches Tun zu rechtfertigen?

Solche Gedanken gingen mir durch den Kopf, als ich mich mit Besen und Schäufelchen an die Arbeit machte und pfundweise Bilchlosung zusammenfegte. Ehrlich gesagt brächte ich es auch niemals über's Herz, so einem kleinen, flinken, behaarten Chaoten mit dem Besenstil den Garaus zu machen. Aber ihn willkommen zu heißen und ihn zu lieben? Davon bin ich doch noch weit entfernt. Der Verhaltensforscher Konrad Lorenz hat gesagt: »Nur was ich kenne, liebe ich, und nur, was ich liebe, schütze ich.« Er hat ja so recht! Ich vergleiche Lorenz' Worte gern mit dem alten Sprichwort: »Was der Bauer nicht kennt, das isst er nicht.«

Um uns getrost als wahrhafte Naturschützer bezeichnen zu dürfen, sollten wir Jägerinnen und Jäger nicht müde werden, uns immer weiterzubilden. Allein zu wissen, wie viele Zähne der Dachs im Oberkiefer hat und wann und wie viele Eier der Eichelhäher legt, macht noch keinen guten Jäger und aktiven Naturschützer. Wir sollten uns belesen, auch über alle nicht jagdbaren Lebewesen in der freien Natur, sie beobachten, sie kennenlernen. Nur so wird in uns die Bereitschaft entstehen, sie neben Hirsch und Reh als gleichberechtigte Wald- und Feldbewohner zu akzeptieren, sie schließlich zu lieben, um sie dann auch nachhaltig schützen zu wollen.

Das Gleiche gilt auch für die vielfältige Flora. Die Kenntnis über die vielen Pilzarten beschert uns so manchen Leckerbissen. Was ich kenne, esse ich gern, und bin es zu schützen bereit, will heißen, es nachhaltig nutzen.

Kann man einem possierlichen Bilch böse sein, selbst wenn er nach dem Winterschlaf ein Chaos in der Jagdhütte hinterlässt?

Ich werde mich in Zukunft bemühen müssen, mehr über die Biologie der von mir ebenso wenig geliebten Hornissen und Maulwürfe zu erfahren. Wie die Bilche sind auch sie streng geschützt. Vielleicht gelingt es mir dann auch, sie nicht nur zu tolerieren, sondern zu lieben, um als glaubhafter Naturschützer durchzugehen?

Der Wolf, sollte er bei mir auftauchen, löst in mir keinen Fluchtreflex wie der Bilch aus. Aber seine Losung werde ich nicht mit Schaufel und Besen beseitigen.

THERAPEUT WALD

> *Obwohl selbst krank, verfügt der Wald dennoch über immense heilende Kräfte auch für uns Menschen.*

WENN MAN ALS JÄGER auf viele Jahrzehnte zurückschauen kann, gelangt man doch nicht selten ins Grübeln und läuft Gefahr anzunehmen, dass früher alles besser war, dass die Zeit heute viel schneller vergeht, dass die Menschen um einen herum sich dieser Schnelllebigkeit hingeben und, sich in Konkurrenz auf einen Wettbewerb mit ihr einlassend, glauben, mit ihr mithalten zu müssen.

Zum Wandern schnitt man sich früher einen Haselnussstecken, der sicher durch unwegsames Gelände leitete und mit dem sich, wie mit einer Sonde auf der Suche nach Pilzen, Laub und trockenes Reisig umdrehen ließen. Auf Radtouren durch den Wald schob man den Drahtesel mehr als dass man auf ihm fuhr, legte ihn und sich überdies ins Moos, sah dem im klaren Himmel seine Kreise ziehenden Bussard zu und ließ sich mittragen in eine andere, nicht minder beglückende Welt. Den heiteren Abschluss solch einer Tour durch den Wald erfuhr man beim Wirt in der Waldschänke, wenn der Ziachspieler mit seinen aus dem Stehgreif gedichteten G'stanzln die Gäste »derbleckte« und das Leben der Dorfprominenten mit treffenden Vierzeilern karikierte.

Soweit wir wissen, wurde das Rad bereits im 4. Jahrtausend v. Chr. erfunden, und dennoch ist der Mensch bestrebt, es im übertragenen Sinne in vielen Bereichen des Lebens immer wieder neu zu kreieren. Will heißen, Altbewährtes zu verbessern. Oft genügt es schon, wie man so schön sagt, dem Kind einen neuen Namen zu geben, um es wiederzubeleben, es attraktiver und den Menschen bewusst zu machen, was sich im Lauf der Zeit nur im Unterbewussten gefestigt hat. Die Waldwanderer haben sich zu Nordic-

Wald ist viel mehr als nur eine Ansammlung von Bäumen.

Walkern entwickelt und die Radlfahrer zu Moutainbikern, die den Wald nur als Kulisse für ihre sportliche Betätigung schätzen. Die beglückende Suche nach Pilzen hat sich digital zum Geocaching gemausert und auch der dichtende Ziachspieler musste einem neuen Format weichen, dem aus Amerika kommenden literarischen Wettbewerb Poetry-Slam.

Eine ganz besondere Rad-neu-Erfindung ist das von japanischen Wissenschaftlern propagierte Shirin-Yoku, das »Waldbaden«. Gemeint ist dabei nicht das Baden in einer im Wald aufgestellten, mit warmem Wasser gefüllten Wanne, sondern ein achtsamer Spaziergang durch den Wald, der eine wahre Medizin für Körper, Geist und Seele sein kann. Waldbaden, eine neue bahnbrechende Erfindung? Nein! Man hat dem Kind nur einen neuen, angenehme Gefühle weckenden Namen gegeben. Fast möchte ich es als Binsenweisheit bezeichnen, dass sich der Aufenthalt im Wald, ohne Motorsäge, ohne weithin vernehmbare palavernde Walker und frei von behördlich hohem Abschusssoll im Nacken, auch bei uns Jägern beruhigend, entspannend, stressabbauend auf unser Gemüt und folglich auch auf den Körper auswirken kann. Man muss es nur zulassen.

Wir Jägerinnen und Jäger, die wir ja wie kaum jemand anderer so hautnah das Geschehen im Wald im Wechsel der Tages- und Jahreszeiten erleben, haben im Lauf unseres Jägerlebens mit der Zeit eine ganz besondere Sensibilität entwickelt, die andere Menschen vielleicht erst wieder entwickeln müssen. Wir schauen anders, wir hören anders, wir spähen, wir lauschen und wir erkennen die Düfte des Waldes, die Aromen vom Harz der Latsche, der Fichte und Tanne, den an ein Parfüm erinnernden Wohlgeruch von Seidelbast, den würzigen Duft von Pilzen, den modrigen von altem, sich zersetzendem Laub und moorigen Tümpeln.

Nicht selten erleben wir ganz bewusst das Aufgehen der Sonne. Ludwig B. Freiherr von Cramer-Klett beschreibt diesen Moment so treffend, wenn er sagt, nichts sei diesem Wunder vergleichbar, es sei ein Erklingen, eine Symphonie mit Akkorden, Stimmen, Instrumenten, die schließlich Himmel und Erde jubelnd miteinander verbinden und uns das Gefühl geben, zu schweben.

Im täglichen Jagdbetrieb geht uns leider dieses Gefühl der Schwerelosigkeit und des Freiseins verloren. Mit einer Art »Röhrenblick«, in der Medizin für ein bestimmtes Krankheitsbild sogar auch als »Flintenröhrenblick« bezeichnet, richten wir unser Augenmerk auf das jagdbare Wild und übersehen dabei so viel scheinbar Unbedeutendes.

Dass die Menschen heute dem neuen Waldbaden folgen, ist sicherlich ein wenig einem spirituellen Trend geschuldet. Die wissenschaftlich belegte heilsame Wirkung auf Körper, Geist und Seele ist aber unbestritten und auch, ehrlich gesagt, überhaupt nichts Neues.

Ich sehe in dieser alten, nun wieder entdeckten Therapieform hauptsächlich eine enorme Aufwertung unseres Waldes und eine Sensibilisierung der Menschen für ihn und sein vielfältiges Leben, dass sie dieses Leben nun aus einem anderen Blickwinkel betrachten und endlich bereit sind, achtsamer mit dem Wald umzugehen. Waldbaden kann so auch dem Wald guttun. Eine Win-win-Situation. In meinem Revier sind die Waldbader willkommen, aber nur solange sie Waldbaden nicht zu wörtlich nehmen und den Forstbeamten nicht zum Bademeister degradieren.

WERTVOLLE ÜBERBLEIBSEL

ICH WAR NOCH STUDENT IN MÜNCHEN mit Bude in der Innenstadt, von der aus ich das anatomische Institut mit dem Präparationssaal fußläufig durch die belebte Fußgängerzone, vorbei am Deutschen Jagd- und Fischereimuseum, erreichen konnte. Unter der Woche bestand die einzige jagdliche Ablenkung in wöchentlichen Besuchen dieser ehemaligen Augustinerkirche. Kühl war es in dem zum Museum umgestalteten Kirchenraum und, wie es sich für so einen sakralen Bau gehört, andachtsvoll still. In den vielen Vitrinen gab es für mich immer wieder Neues zu entdecken und bei den in einem dunklen Gang wie in Katakomben eingelagerten Dioramen mit Präparaten der heimischen Wildarten suchte ich, der ich nun für einige Semester in die Großstadt verbannt war, das Gefühl, dem Wald und seinen Tieren ein wenig nahe zu sein.

Irgendwie aber hatten diese von guten Dermoplastikern haltbar gemachten Tierleiber etwas Reliquienhaftes, erinnerten an etwas Wertvolles, an etwas, was übrig geblieben ist, was man erhalten sollte, aber sie erinnerten auch an etwas Totes. Die studentische Arbeit in den kühlen Räumen der Anatomie hatte, was nicht jedermanns Sache ist, ausschließlich mit den für die Ausbildung konservierten Körpern Verstorbener zu tun. Sie waren in keiner Weise zum Lehrmaterial oder Anschauungsobjekten herabgewürdigt. Sie blieben Menschen, denen man anfangs mit einer gewissen Scheu, aber dann doch mit großer Ehrfurcht und auch Dankbarkeit über deren Tod hinaus gegenübertrat. Ich war immer froh, diese Räumlichkeiten verlassen und mich mit allem Lebendigen beschäftigen zu können. So boten die Wochenenden in den Österreichischen Bergen, wo mich ein väterlicher Freund an den Freuden seiner Jagd teilhaben ließ, ein echtes Kontrastprogramm, erfüllt von Leben auf der Hütte, herzlichem Zusammensein mit prächtigen Menschen und dem hautnahen Erleben des Bergwildes. Es tat mir gut, Leben um mich zu haben.

Besonders ist mir die Balz des kleinen Hahns auf der noch von Schnee bedeckten Hochalm in Erinnerung geblieben. Schon am Vorabend Aufstieg zur Hütte, kurzer unruhiger Schlaf und noch im Licht der verblassenden

Sterne einschliefen in den aus Latschen zusammengesteckten Schirm. Der Hahn fiel ein und begann mit seinem Tanz und Minnesang. Wie arm die Menschen, denen solch ein Naturschauspiel verwehrt und nur ein vielleicht verstaubtes Diorama vergönnt ist. Ich durfte meinen Hahn erlegen.

Aus den Bergen überglücklich zurückgekehrt, parkte ich meinen alten Käfer am Altstadtring – es war damals noch kein Problem, in der Landeshauptstadt einen Parkplatz zu finden –, lud mir den Rucksack auf, schulterte die Bockbüchsflinte und trug meinen kleinen Hahn, wie ein kleines Kind in

Kaum ist der Spielhahn auf dem Altschnee eingefallen, beginnt er, sich einzuspielen.

meine Armen gebettet, gemessenen Schrittes durch das Isartor. Für das Fresko über dem Tor, das den Triumphzug Ludwig des Bayern nach der Schlacht bei Ampfing darstellt, hatte ich in diesem Moment keine Augen. Ich selbst war der Triumphierende, will heißen der Glückliche, der nach erfolgreicher Jagd das Tor durchschritt. Erst jetzt wurden die Passanten auf mich aufmerksam, grüßten freundlich, lächelten. Ob sie wirklich wussten, was ich da vor mir hertrug, wage ich heute noch zu bezweifeln. Man stelle sich eine solche Szene heutzutage vor. Undenkbar!

Sofort nahm ich Kontakt mit einem Präparator auf, dem ich anderntags meinen Hahn brachte. Seine Werkstatt in einem Hinterhof in der Innenstadt sah nicht gerade einladend aus und versprach auch nicht hohe Dermoplastikkunst. Eine weiße, präparierte Katze und ebenso für die Ewigkeit fertiggemachte Meerschweinchen lagen, wie im Tod vereint, neben einem Eichhörnchen in dem kleinen Schaufenster. Zwei ältere Männer, jeder mit einer Bierflasche in der Hand – der Ausdruck Sandler wäre angebracht gewesen – saßen auf einer Bank vor dem Eingang und grüßten »Habe die Ehre!« Es schien so, als ob sie auf mich gewartet hätten, und sie schauten mir nach, wie ich in die dunkle Werkstatt trat. Der Präparator – ob er diese Berufsbezeichnung zurecht trug, bezweifelte ich im Nachhinein – nahm mir den Vogel aus der Hand, drückte prüfend den Tierleib und meinte »Passt scho. Die Zwoa da draußen warten scho«.

»Auf wen?«, fragte ich etwas unsicher.

»Auf'n Kern!«, gab er zur Antwort, drückte mir einen Abholschein in die Hand und sah zu, dass er mich schnell wieder loswurde.

Auf dem Heimweg machte ich mir Gedanken, wer dieser Kern wohl sein könnte, auf den die beiden gewartet hatten. Es dauerte einen Moment, bis mir klar wurde, dass sich die Sandler bei dem Präparator immer ihr Fleisch, die Kerne von gestreiften Präparationsobjekten besorgten.

Mag ihnen der Spielhahnbraten geschmeckt haben. Der ausgestopfte Federbalg fand meine Zustimmung nicht. Erst Jahre später ließ ich ihn von einem echten Fachmann neu präparieren, zu neuem Leben erwecken und unsterblich machen. Vielleicht wird er später einmal zu einer Reliquie, einem Überbleibsel aus einer Zeit, in welcher der Spielhahn in unseren Bergen noch tanzte. Noch dürfen wir die Spielhahnbalz in den heimischen Alpen erleben, aber es lohnt sich, schon jetzt an später zu denken.

KINDERN DAS TOR IN EINE WUNDERBARE WELT ÖFFNEN

» *Jagdinteressierte Kinder sollten wir fördern – nicht nur in ihrem Wissen, sondern auch in ihrer Herzensbildung.* «

DIE FRAGE, OB UND AB WANN WIR den Sprössling zum ersten Mal mit auf den Hochsitz nehmen, ihn mit dem hochemotionalen Moment des Tötens eines Wildtieres konfrontieren dürfen, stellt sich uns allen, die wir kleine Kinder haben, früher oder später. Leichter fällt die Entscheidung, wenn der kleine Sohn oder die etwas sensiblere kleine Tochter in einem Jägerhaushalt aufwachsen und ihnen der Anblick des Vaters und auch der Mutter, die mit geschulterter Büchse und dem in der Familie überaus geliebten Jagdhund an der Seite das Haus verlassen, längst vertraut ist. Schnell wird der Wunsch in den Kindern erwachen, den Vater, die Mutter und Hasso doch einmal ins Revier begleiten zu dürfen. Ein Stöpselgewehr haben sie schon, und das grüne Jägerhütchen, ein in Jägerhaushalten sehr beliebtes Geschenk zur Geburt von Diana oder Hubertus, muss ja auch einmal eingeweiht werden.

Der erste Reviergang mit den Kleinen oder der erste Ansitz, bei dem sich auch die Möglichkeit ergeben kann, ein Wildtier zu erlegen, muss gut vorbereitet werden, will man nicht Gefahr laufen, den Nachwuchs nachhaltig zu verprellen oder ihm gar ein tiefergehendes seelisches Trauma zuzufügen. Jagd ist und darf keine Kinderbelustigung sein. Jagd hat auch bei aller praktizierten Waidgerechtigkeit doch auch etwas Rohes und Zerstörerisches. Den Kindern klarzumachen, dass sie im Werden und Vergehen der Natur dennoch nichts Verwerfliches ist, sollte frühzeitig geschehen. Zugegeben, gar nicht leicht für ein Kind, das zu verstehen, wo man ihm vielleicht im Kindergarten, in der Schule und in Kinderbüchern nicht selten eine ganz andere Einschätzung der Jagd nahebringt.

Dieser gelegentlich kritische Umgang mit der Jagd oder ihre totale Ablehnung ist einem Phänomen geschuldet, gegen das auch wir Jäger und Jägerinnen nicht immer gefeit sind: die Vermenschlichung von Tieren. Alle Tiere dagegen als brüderliche Geschöpfe zu erkennen und zu akzeptieren und sie auch entsprechend zu behandeln, ihnen ein würdiges Leben zu garantieren, das würde nicht nur uns Menschen, sondern auch den Tieren guttun. Hier müssen wir bei der jägerischen Erziehung der Kinder ansetzen.

Vermenschlichung aber wäre der falsche Weg. Eine Gleichstellung des Tieres mit dem Menschen würde uns Jäger unweigerlich als Mörder an den Pranger stellen. Vermenschlichung von Tieren ist besonders dann verwerflich, wenn das an einem mit Schweinen vollgepferchten Tiertransporter angebrachte Firmenlogo ein fröhlich lachendes Schwein zeigt, das einer im PKW folgenden Familie eine heile Welt vorgaukeln soll. Ein lachendes Schwein auf seinem letzten Weg? Ein nicht zu überbietender Zynismus!

Wir dürfen den Tieren, wie zum Beispiel in der Satire und in Comics, nur dann menschliche Züge verleihen, wenn wir sie dabei nicht zum Verlierer werden lassen. Heute ist es die kanadische Computeranimationsserie Paw Petrol, die Hundepolizei auf vier Pfoten, die Kinder mittlerweile weltweit begeistert und es dem Jäger-Papa oder Jäger-Opa draußen im Revier nicht leicht macht, den Kindern zu erklären, dass ein Fuchs nicht der schlaue Henry und ein Rehkitz kein Bambi ist.

Als Jäger haben wir da oft keinen leichten Stand. Noch gegen Ende des 19. Jahrhunderts hatten Waidmänner und -frauen schon ein leichteres Spiel. Die Gebrüder Grimm kamen ihnen dabei mit ihren volkstümlichen Märchen sehr zu Hilfe. Da war die Rede von einem Wolf, dem der Jäger, quasi der Held der Geschichte, bei lebendigem Leib den Bauch aufschnitt und mit Steinen füllte, um das böse Tier anschließend im tiefen Brunnen zu versenken. Einem anderen Wolf erging es nicht besser. Auch ihm wurde bei lebendigem Leib der Bauch mit der Schere aufgeschnitten, nicht von einem Jäger, sondern von einer Geiß, damit sie ihre vom Wolf aufgefressenen Jungen herausholen konnte. Eigentlich Grausamkeiten über Grausamkeiten, die Eltern wie Kindern damals in ihren Bann zogen.

Der große hessische Maler und Illustrator Otto Ubbelohde (1867–1922) hat diese Szenen gekonnt bildlich dargestellt. Die aus dem Bauch des Wolfes gerettete Großmutter und Rotkäppchen sitzen auf der Bank bei Kaffee und Kuchen, während der Jäger den kopfüber an einem Baum hängenden Wolf den mit Steinen gefüllten Bauch wieder zunäht. Ob diese Sammlung volkstümlicher Märchen auch heute noch zur Grundausstattung einer Vorschule gehört? Eher wohl nicht. Wenn aber doch, dann würde es mich nicht wundern, wenn sie zensiert würde und Rotkäppchen verschwinden müsste.

Als Helden müssen wir Jäger uns den Kindern gegenüber nicht aufspielen. Vielmehr sollten wir ihnen eine Bildung des Herzens angedeihen lassen und sie so gefestigt zu unseren Begleitern auf dem Weg in eine wunderbare Welt machen.

STUBENDURCHGANG

FREITAG 14.00 UHR, ANTRETEN zum Stubendurchgang. Jeder, der noch zu Zeiten der allgemeinen Wehrpflicht eine Grundausbildung durchlaufen musste, wird sich mit Schrecken an diesen festen Termin erinnern. Ein Moment, in dem die Entscheidung fiel, ob man gleich himmelhoch jauchzend sein Köfferchen für die Heimfahrt packen konnte oder sich, zu Tode betrübt, auf ein einsames Wochenende in den Kasernenmauern einzustellen hatte. Die vor Aufregung feuchten Hände an der Hosennaht und mit klopfendem Herzen hatte man neben seinem geöffneten Spind strammzustehen und musste mit ansehen, wie ein grimmig dreinblickender Ausbilder, einem Spürhund gleich, sich auf die Suche nach einer Staubfluse machte, die ihn ermächtigen könnte, einen in die Pfanne zu hauen, will heißen, einem die Heimfahrt zu verweigern.

Ich erinnere mich an so einen sehr diensteifrigen Kontrolleur. Wenn er wollte, fand er immer was. Waren auch alle Hemden akkurat aufeinandergestapelt, die Hosen peinlichst genau, Bügelfalte auf Bügelfalte, aufgehängt und die natogrünen langen Unterhosen wie mit der Wasserwaage ausgerichtet übereinandergeschichtet, dann griff er in die tiefsten Ecken seiner Trickkiste und nahm das Profil meiner Stiefel unter die Lupe. Eigentlich war man in solch einer Situation total machtlos und der Willkür seines »Peinigers« ausgesetzt. Den damals vielleicht beabsichtigten erzieherischen Wert solcher Schikane habe ich stets bezweifelt und beim Blick in meinen Kleiderschrank fühle ich mich heute in meiner damaligen Annahme bestätigt.

Ähnliche den Puls beschleunigende Momente, in denen Entscheidungen fielen, die zwar nicht das ganze Leben beeinflussten, aber doch für einen jungen Studenten von eminenter Bedeutung waren, hatte ich später mehrfach zu überstehen: Die Hauptuntersuchung, umgangssprachlich den TÜV, für meinen alten VW-Käfer Baujahr 59. Hier war es nicht das Profil der Stiefelsohlen, das genauestens beäugt wurde, sondern das Profil der Reifen. Mit viel Hingabe hatte ich vor der Inaugenscheinnahme das leicht angerostete Auto gewaschen und poliert, um beim Gutachter einen halbwegs guten Eindruck zu hinterlassen. Mehr konnte ich sowieso nicht tun. Es war fast unerträglich, mitansehen zu müssen, wie das schon klapprige Auto hochgehievt wurde. Schrecklich und nichts Gutes verheißend klangen die Hammerschläge, mit denen der Gutachter den Auspuff, die Radkästen und den Unterboden abklopfte. Wie erlösend dann das Fazit des etwas mitleidig, aber doch wohlwollend dreinschauenden Sachverständigen: »Diesmal kann ich ihn noch durchgehen lassen!«

Auch wenn meist alles gut oder grade noch mal gut gegangen ist, lösen Kontrollen und Überprüfungen jeglicher Art, deren Ergebnisse Sanktionen zur Folge haben können, bei mir Unbehagen aus. Um die akkurate Beschickung meines Kleiderschrankes kümmere ich mich heute ebenso wenig wie um die Betriebssicherheit meines Fahrzeuges. Dafür hat man seine Leute.

Eine ganz besondere Art von Stubendurchgang ist jedoch geblieben. Diese von Amtspersonen durchgeführte Kontrolle findet zwar nur alle drei Jahre statt, beschäftigt mich aber das ganze Jahr über, sobald ich mich in meiner »Guten Stube« bewege, in meinem gepachteten Revier. Vegetationsgutachten! Welch ein angsteinflößender Begriff für jeden Jäger. Vielleicht sind es Relikte aus der Kindheit, die da Angst machen, weil in irgendeiner Hirnwindung das Bild vom Heiligen Nikolaus wachgerufen wird, der, vom bösen Krampus begleitet, in seinem goldenen Buch nachschaut, ob man das Jahr über auch immer brav und folgsam gewesen ist. Mit dem gesenkten Hauptes leise hervorgebrachten Versprechen, sich zu bessern und einem brav aufgesagten Gedicht ließ es sich vermeiden, dass man vom Krampus Schläge mit der Rute bekam und in den Sack gesteckt wurde. Ein Sackerl mit Nüssen und Schokolade gab es obendrauf als Belohnung für redliches Bemühen.

Das anfangs gefürchtete Vegetationsgutachten hat bei mir im Lauf der Jahrzehnte meiner Pacht seine Schrecken verloren. Der den Wildverbiss aufnehmende Förster kommt weder in Begleitung eines angsteinflößenden Vollstreckers noch muss ich fürchten, von ihm in Handschellen bei der Forstbehörde vorgeführt zu werden. Wir sind ein Team und arbeiten zusammen, nehmen den Verbiss akribisch auf und freuen uns gemeinsam an den jungen Tannen, deren Leittriebe nicht dem Heißhunger meiner Rehe zum Opfer gefallen sind. Wie sagte doch neulich etwa sinngemäß ein selbst passioniert jagender bayerischer Politiker: »Nach dem Friseurbesuch ärgere ich

Wo es Rehe gibt, gibt es Verbiss. Solange er »tragbar« ist, können sich alle freuen.

mich nicht über die am Boden liegenden abgeschnittenen, sondern freue mich über die am Kopf verbliebenen Haare.«

Belohnungen gibt es nach dem Erstellen des Vegetationsgutachtens nicht. Das Urteil »Verbiss tragbar« ist Freude genug und zeigt einem, dass man seinen jägerischen Pflichten nachgekommen ist. Ein versöhnliches Gedicht aufzusagen, wie seinerzeit beim Nikolaus, bleibt mir erspart. Dennoch würde ich gern das Lied anstimmen »Wer hat Dich, Du schöner Wald, aufgebaut so hoch da droben? Wohl den Meister will ich loben ...« und dann mit stolz geschwellter Brust Joseph von Eichendorffs Text ergänzen: »Der Förster und ich!«

SORGENFREI ENTSORGEN

»BRINGST DU BITTE MAL DEN MÜLL RUNTER?« Wer kennt sie nicht, diese tägliche Aufforderung, der man nicht unbedingt gleich mit großer Begeisterung Folge leistet, sondern erst dann, wenn sie in einem harscheren Befehlston wiederholt wird.

Müll ist lästig, oft auch eklig, und weil er nicht angenehm riecht, packt man schon aus purem Eigeninteresse den Kübel, um ihn im Hinterhof in die große Tonne zu klopfen. Die ist schon wieder voll, aber in der vom Nachbarn wäre noch Platz. Was tun? Man fühlt sich beobachtet, will Frieden, und es bleibt einem letztlich nichts anderes übrig, als den Inhalt der eigenen Tonne samt den durch den plötzlichen Lichteinfall aufgeschreckten Maden mit den Händen zu komprimieren. Spätestens in solch einer Situation beginnt man nach Lösungen zu suchen, um vor derartigen ekelerregenden Momenten in Zukunft verschont zu bleiben.

Man könnte eine größere Tonne beim Zweckverband Abfallwirtschaft ordern, aber die kostet Geld. So bleibt nur noch der Vorsatz, in Zukunft überflüssigen Müll zu vermeiden. Ein guter Vorsatz, der zeitgleich mit dem erfolgreichen, gewaltsamen Zudrücken des Tonnendeckels schon wieder vergessen ist. Wir tragen täglich Sorge dafür, dass der Kühlschrank stets gut gefüllt ist, wir besorgen am Freitag noch kastenweise Getränke, um sorglos ins wohlverdiente Wochenende zu gehen, aber das bald unausweichlich fällige Entsorgen verdrängen wir nur allzu gern.

Mit der Mülltrennung, dem Sortieren des Abfalls nach der Wiederverwertbarkeit, haben wir schon große Fortschritte in der Müllreduzierung erreicht. Recyclinghöfe, eine sehr segensreiche Einrichtung, haben für mich so etwas wie der samstägliche Wochenmarkt. Irgendwie sind beide ja untrennbar miteinander verbunden. Erst wird bei dem einen entsorgt, damit man sich bei dem anderen wieder ruhigen Gewissens etwas besorgen kann. Zudem trifft man hier wie dort immer wieder mal alte Bekannte, kommt ins Gespräch, jedoch stets peinlichst darauf achtend, dass keiner aus der Zahl der im Lauf von Wochen gesammelten und nun zu entsorgenden Weinflaschen irgendwelche falschen Rückschlüsse zieht. Überhaupt ist die Müllentsorgung eine sehr diskrete Angelegenheit, denn leicht lässt sich dabei auf den Lebensstil oder gewisse Vorlieben des Entsorgers schließen. Wo lassen sich abgegriffene Pornohefte, leere Schnapsflaschen oder leere Zigarettenschachteln diskreter entsorgen als im dunklen Wald oder im Maisfeld nahe der Straße?

Zu meiner Jugendzeit gab es bei uns im Ort den »Flurer«, ein Rentner, dem man eine gewisse Blockwart-Mentalität nicht absprechen konnte und der ehrenamtlich oder für geringe Bezahlung den ganzen Tag auf der Jagd nach Naturfrevlern unterwegs war, um mit Argusaugen darauf zu achten, dass niemand nach dem ersten April in die Wiesen stieg, niemand Weiden-

Gewässer reinzuhalten, muss nicht nur Anglern, sondern auch uns Jägern Gebot sein, auch wenn Fische nicht »jagdbar« sind.

kätzchen abschnitt oder Feuer machte und niemand in der Natur Müll entsorgte. Seine Kontrollgänge waren sicher gut für die Natur, aber wir Kinder fürchteten ihn.

Heute sind es wir Angler, Fischer und Jäger, denen der Schutz der Fluren und Gewässer ganz besonders am Herzen liegt. Schon in unserem eigenen Interesse bemühen wir uns, den Lebensraum aller frei lebenden Tiere in den Auen, Feldern, Wälder und Gewässern sauber zu halten. Die Redewendung »gesund wie der Fisch im Wasser« soll auch weiterhin Bestand haben. Gemeinschaftliche Entrümpelungsaktionen in der Natur verbinden und machen uns Jäger und Fischer gemeinsam stark. Wir sollten das der Öffentlichkeit mehr publik machen und so Zeichen setzen. Ein furchteinflößender »Flurer« wäre kontraproduktiv.

Wie wollen wir eigentlich die immer rascher fortschreitende Vermüllung unseres Planeten in den Griff bekommen, wenn wir schon im eigenen Haushalt nur murrend den Müll hinunterbringen und es uns oft schwerfällt, an einem familiären Abfallmanagement frohen Mutes mitzuarbeiten, wenn Menschen während der Autofahrt Tüten mit Fast-Food-Resten aus dem Fenster werfen oder Farbkübel in Bächen entsorgen?

Die »Tonnen« der Länder dieser Erde sind voll und keiner möchte sich da reinschauen lassen. Müll verteilen bringt nichts. »Ein jeder kehre vor seiner eigenen Tür« lautet ein altes Sprichwort, will heißen, keiner sollte mit dem Finger auf andere zeigen. Aber beim Kehren alleine sollte es nicht bleiben. Der Kehricht gehört in den Eimer und dann umweltfreundlich entsorgt.

Wir alle wollen, dass unsere Natur sauber und unser Planet lebenswert bleibt. Aber die Worte des schweizerischen Jagdphilosoph Eugen Wyler gelten auch hier: »Damit etwas wahr wird, dazu braucht es die Tat.«

SCHLAFSTÖRUNG

NICHT EINSCHLAFEN ZU KÖNNEN, ist unangenehm, nicht durchschlafen zu können, verursacht sogar Schmerzen. Wie muss es Tieren ergehen, die sich in ihrer Schlafperiode gestört fühlen?

Meine beiden Hunde beneide ich um die Fähigkeit, aus dem Tiefschlaf heraus innerhalb weniger Sekunden sofort hellwach und einsatzbereit zu sein. Eben noch mit fest geschlossenen Augen vor dem warmen Kachelofen liegend und mit den Läufen zuckend im Traum irgendeinem Wild nacheilend, schrecken sie sofort auf, wenn sie auch nur im Unterbewusstsein irgendein Geräusch wahrnehmen, das entweder Gefahr oder Freuden signalisiert. Das Läuten an der Haustüre bedeutet drohende Gefahr durch einen Eindringling und das Quietschen der Türangeln des Waffenschrankes verheißt Jagdfreuden. Aus dem Tiefschlaf gerissen zu werden, egal ob vom eindringlichen Piepsen des Weckers, durch das Läuten des Telefons oder heftiges Klopfen an der Türe, ist für uns Menschen im ersten Moment immer unerträglich. Es dauert meist einige Zeit, bis wir unsere Gedanken wieder geordnet und unsere Orientierung wiedergefunden haben.

Ich hab mir oft Gedanken gemacht, wann und wie lange Wildtiere, von den Winterschläfern einmal abgesehen, wirklich schlafen, will heißen mit geschlossenen Lidern, in guter Deckung warm gebettet, ein Nickerchen machen. Wissen wir doch aus der Medizin, welch große Bedeutung ausreichend guter Schlaf für die Gesundheit des Menschen hat und wie gesundheitsschädlich die ständige Störung der Nachtruhe sein kann. Erholsamer, ungestörter Schlaf muss doch auch für das Wohlergehen der Wildtiere zuträglich sein?

Unlängst habe ich um die Mittagszeit in einem Wildpark einen Keiler in seinem morastigen Bett lang dahingestreckt liegen sehen. Nur das leichte atemabhängige Heben und Senken seiner Flanken verriet, dass er tatsächlich noch lebte. Weder durch den giftigen Laut meiner Schweißhündin noch durch lautes Klatschen war der Urian wach zu bekommen. Erst das Schütteln des kleinen, mit Maiskörnern gefüllten Schächtelchens ließ ihn für einen Moment müde aufblicken. Er war satt, fühlte sich zudem in Sicherheit, dachte sich wohl seinen Teil, grunzte kurz und schlief weiter.

Im Käfig nebenan lag, auf einem kleinen Podest eingerollt, ein Fuchs. Mit seiner etwas zerzausten Lunte bedeckte er, so gut es ging, sein Gesicht, und ich konnte doch erkennen, dass er seine Lider fest geschlossen hatte. Erst als Kinder mit Stöckchen gegen den Maschendraht seiner Behausung schlugen, schnellte er hoch und suchte fast panisch nach einem Ausweg aus seinem Gefängnis. Jemanden ganz bewusst aus dem Tiefschlaf zu wecken, egal ob Mensch oder Tier, meine ich, ist rücksichtslos und zeugt von mangelnder Achtsamkeit.

Der von mir so sehr verehrte Jagdschriftsteller Ludwig B. Freiherr von Cramer-Klett, der stets ein offenes Ohr für die Sorgen und Nöte seiner Mitmenschen besaß und jeden, der ein Anliegen hatte, gern empfing, verstand es mit Humor, sich um die Mittagszeit lästiger Besucher zu erwehren. An seiner Haustüre hatte er ein Schild angebracht mit einem Zweizeiler von Wilhelm Busch.

Wird man im Mittagsschlaf gestört,
das ist verdrießlich, das empört.
Ich bitte von Besuchen abzusehen:
An Wochentagen von 14 h–16 h

Freiherr von Cramer-Klett

Wie verhält es sich mit den frei lebenden Wildtieren in unseren, zum Teil doch sehr beunruhigten Revieren? Fühlen sich die Nachtaktiven manchmal auch so sicher, dass sie tagsüber den so wichtigen erholsamen Schlaf finden? Mag sein, dass Reineke tief drunten in seinem Bau unbekümmert den langen Tag verschläft und dass die Sauen in einem undurchdringlichen Verhau von Brombeeren dösend auf den Untergang der Sonne warten, um dann im Schutze der Nacht die Wiesen und Äcker aufzusuchen.

Sensible Antennen signalisieren rund um die Uhr allen frei lebenden Tieren drohende Gefahren und werden sie wohl kaum so unbekümmert schlafen lassen wie den Keiler im Wildpark. Die Gefahren nehmen zu und auch auf den Schutz der Nacht, den Schutz der Dunkelheit können sie sich dank moderner Nachtsichttechnik nicht mehr verlassen. Auch wenn die Schüsse nun vielerorts schallgedämpft sind, Tiere lernen schnell und werden eher, wie ich glaube, schlechter schlafen.

In einem Gartencenter mit angegliederter Zoohandlung stieß ich neulich auf ein Zeugnis von großer Tierliebe und großem Einfühlungsvermögen der Geschäftsführung in die Tierseele. An einem Käfig, in dem zwei Hamster eng aneinandergekuschelt schliefen, hing ein Zettel mit der Aufschrift: „Wir schlafen. Verkauf erst ab 17 Uhr.«

Nur selten sehen wir Reineke im Schlaf eingerollt, denn jede noch so kleine Störung lässt ihn blitzschnell erwachen.

EIN WALD ZUM FÜRCHTEN

»*Nachts allein im Wald? Außer Jägerinnen und Jägern lieben auch andere einsame Nachtwandler die Dunkelheit.*«

ALS JÄGER UND INSBESONDERE REVIERPÄCHTER legt man sein Augenmerk nicht nur auf das wild lebende Getier, sondern stets auch auf die Menschen, die einem bei der Ausübung der Jagd begegnen und die im ersten Moment nicht gleich als harmlose Spaziergänger, Beerensammler oder Pilzsucher zu identifizieren sind. Ich leide weder unter Verfolgungswahn noch ängstigt mich eine dunkle Gestalt, die mir in der Abenddämmerung oder in tiefer Dunkelheit, vor Tau und Tag, draußen begegnet. Ich denke mir bei solchen Begegnungen immer, dass das Gegenüber vielleicht auch vor mir Angst haben könnte. Der Wald ist für jedermann zugänglich, aber man möchte doch zu gern wissen, was einen einsamen Nachtwandler umtreibt. Was könnte er nicht alles im Schilde führen? Die Liste derer, die mir in nahezu sechsunddreißig Pachtjahren zur Unzeit draußen begegnet sind, ist lang.

Seit Jahren begegnet mir des Öfteren in der Dämmerung eine ganz sonderbare Gestalt, die auffallend langsam, gemessenen Schrittes und aufrecht die Waldwege nicht entlanggeht, sondern entlangschreitet, den Blick stur nach vorn gerichtet. Ihre Erscheinung könnte einem Angst einflößen. Der junge, schlanke Mann mit blassen Hautkolorit, das durch einen langen schwarzen Bart und schwarze, schulterlange Haare besonders auffällt, trägt stets, egal ob Sommer oder Winter, einen bis zu den Knöcheln reichenden, schwarzen Mantel, in dessen Taschen er seine Hände verbirgt. Unweigerlich musste ich, als ich ihn das erste Mal vom Hochsitz aus sah und mit dem Glas musterte, an den »Boandlkramer«, den Tod aus Kobells Geschichte vom

Hexen reiten des Nachts auf Reisigbesen durch die Luft – ein uralter Volksglaube.

Brandner Kaspar, denken. Was bewegt einen jungen Menschen, sich so zu kleiden und vornehmlich nachts, wie ein die Monstranz tragender Priester nicht nach links und rechts schauend, scheinbar hoch konzentriert, vielleicht meditierend durch den Wald zu schreiten? Einmal ließ sich mit dem Sonderling eine direkte Begegnung, der ich immer aus dem Weg ging, nicht vermeiden, und ich war überrascht wie er, nicht innehaltend, mich sehr freundlich grüßte und sofort wieder wie abwesend seinen Weg fortsetzte, der ihn, weiß Gott, vielleicht in andere Sphären oder in eine andere Welt führen sollte.

Später erfuhr ich, dass er einer schwarzen Szene angehören und sich der »Gothicbewegung« verschrieben haben solle, einer Subkultur, deren durch und durch friedfertige Jünger stets auf der Suche nach einem Ort der Stille, der Einsamkeit und Besinnung seien, um den ganzen Tag über nichts anderes nachzudenken als über den Tod und den Sinn des Lebens. Einen geeigneteren, weihevolleren und stilleren Ort für diese Sinnsuche als mein von gluckernden Bächlein durchzogenes, von alten Tannen und hohen Buchen bestocktes Waldrevier wird er wohl nirgendwo finden.

Ich habe in diesem mir anvertrauten Stück Natur in Stunden der Stille und Einsamkeit stets Antworten gefunden auf Fragen, die mich beschäftigten, wenngleich sich mir die Frage nach dem Sinn des Lebens nie gestellt hat. In letzter Zeit ist mir die dunkle Gestalt seltener begegnet. Sie scheint noch immer nicht fündig geworden zu sein.

Jetzt, im ausgehenden Winter, taucht im Revier wieder häufiger eine andere Gestalt auf. Ein kleines Männlein, das sich, mit der rechten Hand auf einen Stock gestützt und unter den linken Arm ein Bündel Reisig geklemmt, etwas schwerfällig auf dem Feldweg vom Wald in Richtung Dorf bewegt. Etwas Gnomenhaftes hat er, wenn man ihn, genauer gesagt seine sich deutlich gegen den Abendhimmel abzeichnende Silhouette mit dem Reisigbündel, dahinhumpeln sieht. Um die Uhlenflucht, der Abendstern leuchtete schon auf, traf ich ihn mit Reisig unterm Arm mitten auf meinem, von Birken beinahe schon völlig zugewachsenen, sumpfigen Schnepfenplatz. Ich ärgerte mich ein wenig, denn jeden Moment konnten die Schnepfen streichen, ein Augenblick, den ich den ganzen langen Winter herbeigesehnt hatte.

»Was tus'd mit dene Reiser?«, fragte ich ihn leicht gereizt: »De san für die Hexen!«, kam seine etwas barsche Antwort, »Hexenflieger mach' i!«

Hexenflieger? Noch so einer, der dem Okkultismus nahesteht, war mein erster Gedanke, den das Männlein, das meinen fragenden Blick richtig interpretierte, aber sofort zerstreute. Er klärte mich auf, dass er der »Binder Karl« sei und dass er aus frisch geschnittenem Birkenreisig Besen bände, das Stück für drei Euro. Noch bevor die erste Langschnäbelige quorrend uns überflog, wurden wir handelseinig, und seitdem fege ich die Stallgasse bei den Pferden nur mit genialen Besen, gebunden von Karl mit Material aus meinem Revier.

Die Schnepfen streichen dort immer noch gut, aber ich warte und schaue, ob nicht doch auch einmal eine Hexe auf Karls Besen reitend am Abendhimmel auftaucht. In diesem Revier scheint nichts unmöglich ...

WENN DIE NATUR KRANKT

SEIT VIELEN JAHREN BEMÜHE ICH MICH berufsbedingt um richtige Diagnosestellungen, um vielfältige Symptome noch vielfältigeren Krankheiten zuordnen zu können, um dann auch eine richtige medikamentöse Therapie zu finden, deren Dosierung so gewählt sein muss, dass sie hilft und dabei auch noch verträglich ist. Nicht selten bleibt es bei einem Herumdoktern an den Symptomen und eine Heilung versagt, weil die Ursache der Erkrankung dem Arzt verborgen bleibt.

Dass der Therapeut nur behandeln kann, ist bekannt. Heilen kann, was Wunderheiler und Handaufleger gar nicht gern hören, letztlich nur die Natur. Die Natur verfügt über so starke Kräfte, dass sie sich sogar selbst heilen könnte, wenn wir sie nur ließen und ihr nicht ständig ins Handwerk pfuschten. Wie können wir Menschen uns anmaßen, sie zu heilen, wo wir doch diejenigen sind, die sie krank machen und nach und nach zerstören?

Eine alte Weisheit sagt, dass Vorbeugen besser ist als Heilen. Viele Wunden, die wir der Natur zufügen, ließen sich vermeiden, wenn wir acht- und sorgsamer mit ihr umgingen. Mit der Ausweisung von Schutzgebieten, Flora-Fauna-Habitaten und Nationalparken entziehen wir Menschen, die guten Willens sind, kleine Teile der Natur dem zerstörerischen Einfluss der auf Profit und Gewinnmaximierung ausgerichteten Gesellschaft. So geschützt, kann die Natur in solchen Gebieten unseres Landes ihre Regenerationskraft entfalten. Ob es dabei zu einer »restitutio ad integrum«, einer Heilung, kommt, mag dahingestellt sein. Auch wenn Narben bleiben, so sollten wir nicht nachgeben im Bemühen um den Bestand einer artenreichen Tierwelt in einer weitgehend unberührten Natur.

Vor über hundert Jahren schrieb der Forstmann Heinrich Cotta: »Wenn Deutschland von allen Menschen verlassen wäre, würde es in zwei Menschenaltern wieder ganz von Wald bedeckt sein.«

Dieses Experiment lässt sich schlecht durchführen. Aber es wäre sehr interessant zu sehen, welche Wildtiere sich in diesem bundesweiten unberührten Waldland tummeln würden. Jäger würden ihre Freude daran haben.

Er ist wieder da. Die einen lieben, die anderen fürchten und verwünschen ihn.

Aber, dieser Wald würde keinen Jäger brauchen und auch keinen Förster oder Waldbauern. Reh, Hirsch, Sau, Hase, Auerhahn, Fuchs, Luchs, Bär und Wolf würden da sein. Sie würden nicht etwa, wie im Garten Eden, friedlich nebeneinanderliegen und unbekümmert ihre Wechsel ziehen. Das Naturgesetzt des Fressens und Gefressen-Werdens würde gelten, ein Existenzkampf dort ausgetragen werden, und alles würde sich nach und nach einpendeln und wäre dann im Gleichgewicht. Während wir, und gerade auch wir Jäger, heute bei den Wildtieren zwischen nützlich und schädlich unterscheiden, würde in diesem fiktiven deutschen Waldland ein anderer Maßstab angelegt werden. Es würde unterschieden werden zwischen schwächer und stärker. Eines wäre diesen Tieren sicher: Sie würden einen artangemessenen und artvertrauten Lebensraum vorfinden.

Mit der Wiedereinbürgerung beziehungsweise behördlichen Duldung des Wolfes, so scheint mir, zäumen wir das Pferd von hinten auf. Wenn wir dem Wildtier, ganz egal ob Rebhuhn, Auerhahn, Reh und Hirsch, Frosch oder Lerche und auch dem Luchs, dem Bär und dem Wolf etwas Gutes tun wollen, dann müssen wir erst einmal dafür Sorge tragen, dass ihnen ein entsprechender Lebensraum garantiert wird. Wir können Teile unseres Landes nicht entvölkern und die Natur sich selbst überlassen, nur damit Wolf und Bär sich artgerecht entfalten können. Wir, die wir so gern zwischen Nutz- und Schadtieren unterscheiden, können bei der Tierhaltung nicht das Recht des Stärkeren dulden. Wolf und Bär sind nun halt mal stärker als Schaf und Reh, Lamm und Kitz.

Wenn sich der Wolf jetzt bei uns in bestimmten Regionen wohlfühlt, so wie es seiner Art entspricht, wenn er also genügend Nahrung findet und sich paaren und unbehelligt seinen Nachwuchs großziehen kann, dann ist das für diesen von ihm besiedelten Landstrich ein großes Kompliment. Hier scheint die Natur noch intakt und noch nicht durch den Menschen in ihrer Ursprünglichkeit verletzt zu sein. Von einer intakten Natur zu schwärmen in Gebieten, in denen der Wolf nur notgedrungen auftaucht auf der verzweifelten Suche nach einem Lebensraum, den es dort gar nicht geben kann, zeugt von wildbiologischem Halb- oder Unwissen und von Ignoranz.

Heilen lassen sich vom Menschen verursachte Wunden in der Natur nicht durch das bloße Willkommen-Heißen eines Wolfes. Das ist nicht mal eine notfallmäßige Wundversorgung, sondern nur purer Aktionismus, das ist nur Herumdoktern an einem Symptom. Da muss die Therapie nach einem Plan mehrerer Therapeuten, auch dem der Jäger, ganz woanders ansetzen. Auch von den Medien hochgelobte, selbsternannte Wunderheiler werden daran nichts ändern können.

VERRÄTERISCHE EINKÄUFE

Nicht nur am grünen Hemd und den Hirschhornknöpfen ist ein Jäger in einem Baumarkt zu erkennen.

DASS MIR DIE FREUNDLICHE DAME an der Kasse nach Herausgabe des Wechselgeldes immer mit einem aufgesetzten Lächeln und ohne aufzuschauen, völlig gedankenverloren einen schönen Tag wünscht und dabei schon die Waren des nächsten Kunden mit dem unaufhörlich im Takt piepsenden Scanner anpeilt, fasziniert mich stets aufs Neue. Wie viele hundert, wenn nicht tausend Male täglich mag sie stereotyp diese ihr von der Geschäftsleitung aufgetragene Floskel ebenso wiederholen wie die Frage, ob man Treuepunkte sammelt, ob man eine Kunden-Card hat und wie die Postleitzahl des Kunden lautet. Diese gespielte Freundlichkeit bezweckt natürlich nichts anderes, als an Daten zu kommen, die Aufschluss über das Kaufverhalten geben und sich von Marketingfachleuten dann geschickt verkaufsstrategisch verwerten lassen.

Baumärkte üben bekanntermaßen ja, ähnlich wie Brauereigasthöfe, auf das männliche Geschlecht eine weitaus höhere Anziehungskraft aus als zum Beispiel Parfümerien und Bekleidungshäuser. Sollten meine Daten, will heißen, die von mir in diesem Baumarkt gekauften Artikel, tatsächlich in irgendeinem Computer gespeichert und ausgewertet werden, dann möchte ich zu gern wissen, was für ein Profil da ein findiger Kopf von mir erstellen würde, der ich solche Läden stets ohne eine bestimmte Kaufabsicht, mehr so zur Entschleunigung, betrete und dabei immer etwas finde, was ich als Jäger brauchen könnte und noch nicht zu haben glaube. Einen Hammer zum Beispiel, braucht man immer, natürlich auch eine Zange aus dem Sonderangebot und einen Meterstab, preiswert, da mit Firmenaufdruck. Wenn ich heute

Zirbe, Joli und Franzl, meine ständigen Begleiter in Haus, Hof, Stall und Revier

in meinen diversen Werkzeugkästen krame, komme ich mittlerweile auf zwölf Hämmer unterschiedlicher Größe, acht Beißzangen, mindestens sechs Meterstäbe, einige kleine Vorhängeschlösser im Viererpack, drei Tuben Handwaschpaste und drei Gehrungsladen mit Fuchsschwanz. Was macht da der Kundenprofiler aus mir? Möglicherweise, und ich könnte ihm das nicht übelnehmen, einen technisch noch nicht ausgereiften, heimwerkenden Zwangsneurotiker mit Kontroll- und Waschzwängen und einem Hang zur Holzbearbeitung.

In einem nahegelegenen Agrarmarkt kennt man mich. Die Frage nach der Postleitzahl erübrigt sich, das »Griaß di« ist nicht aufgesetzt und das »Pfüad di« nach getätigtem Einkauf ist keine von der Geschäftsleitung geforderte Pflichtübung. Es kommt von Herzen. Natürlich lässt der Mitarbeiter im grauen Mantel an der Kasse meinen Einkauf nicht unkommentiert, und er lässt die Wartenden hinter mir in der Schlange teilhaben an dem, wofür ich heute mein Geld ausgebe.

Zugegeben, mit Diskretion, wie man sie vom Bankschalter kennt, hat das nichts zu tun. Aber Salzlecksteine, Ballistol-Spray, Mausefallen, Lederfett sind ja völlig unverfängliche Artikel. Fragen wie »habt's Mäus' in der Hütt'n?« oder die Feststellungen, dass man grad jetzt im Winter die Stiefel wieder gut einfetten muss, dass das Waffenöl auch gegen Hautjucken helfen soll und die Naturlecksteine halt viel mehr Mineralien enthalten und »vo di Reh« viel lieber angenommen würden als die herkömmlichen billigen Viehsalzsteine geben die Bestätigung, einen guten Kauf getätigt zu haben. Einen schönen Tag wünscht der freundliche Mann an der Kasse mir nicht, aber dafür ein »Waidmannsheil!«, denn seit meinem ersten Einkauf dort hat er, ohne ein Profiler zu sein, richtig kombiniert, dass ich Jäger bin.

Es gibt noch einen ganz besonderen Laden, einen kleinen Eisenwarenladen in unserem Ort, sozusagen einen Ein-Mann-Betrieb. Geschäftsführer, Verkäufer, Kassier, Buchhalter, all diese Jobs macht der etwas kauzige Inhaber selbst. Mehr Personal hätte in dem kleinen Laden sowieso keinen Platz. Alles steht voll mit Artikeln, wie man sie nur noch selten in Läden findet.

»Es gibt sie noch, die guten Dinge«, lautet der Slogan einer bundesweit agierenden Handelskette, die sich von Massenprodukten verabschiedet hat und nur qualitativ sehr hochwertige, nicht ganz billige, zum Teil handgemachte Artikel für den täglichen Gebrauch anbietet. Auch unser kleiner Laden hat etwas von dieser Exklusivität. Auch er hat sie noch, die guten Dinge, nach denen man in großen Märkten vergeblich Ausschau halten wird. Wo sonst gibt es noch ein Waschbrett zu kaufen, eine Schöpfkelle mit Stil zum Entleeren der Jauchegrube, Lebendfallen für den Rattenfang, Platzpatronen gegen Wühlmäuse, ein gusseisernes Kruzifix für das Marterl draußen im Feld, handgeflochtene Kälberstricke, Messer für die Klauenpflege, Wurzelbürsten und Spankörbe für die Obsternte?

Meine ersten Einkäufe in diesem engen, nur spärlich beleuchteten Laden waren ein kleines Schäufelchen und ein kleiner Rechen, Spielgeräte, mit denen Kinder gewöhnlich in der Sandkiste ihre Burgen bauen. Ich brauchte sie, um damit zu Hause den Kot meiner Hunde vom Rasen aufzulesen. Im Hundekurs zur Vorbereitung auf die Brauchbarkeitsprüfung hatte Hans, der Kursleiter stets so eine Gerätschaft parat, mit der jeder Kursteilnehmer am Ende der Unterrichtsstunde die Hinterlassenschaften seines Zöglings einsammeln musste. Diese praktische Art des »Abmistens« hatte uns alle überzeugt.

Als ich mein kleines blaues Schäufelchen und den kleinen Rechen auf die Ladentheke legte, erhellte sich die Mine des mich anfangs ungläubig musternden Geschäftsinhabers. Kein Kundenprofiler hätte so schnell kombiniert wie er, der mir auf den Kopf zusagte: »Gell, Sie ha'm an Hund und san a Jager!«

Drei dieser Artikel habe er während der letzten Tage verkauft und es gebe nichts Besseres als dieses Kinderspielzeug zum Aufsammeln der Hundescheiße. Ob er den Hans am Umsatz beteiligt, weiß ich nicht.

SIGNALTÖNE

SIE KÖNNEN VOR GEFAHR WARNEN, können Leben retten, können aufwecken und erinnern. Sie sind hilfreich. Aber sie können auch erschrecken, nerven und lästig sein. Ich spreche von den piepsenden Signaltönen, die uns tagaus, tagein begleiten.

Es beginnt mit dem zunächst dezenten, sehr verhaltenen, dann aber immer lauter und in immer kürzeren Intervallen ertönenden Piepsen des Weckers, das unser Trommelfell in Schwingungen versetzt und uns ganz allmählich und schließlich unbarmherzig aus dem Tiefschlaf holt. Auch die elektrische Zahnbürste piepst, wenn sie uns sagen will, dass wir genug gebürstet haben. Es folgt das Piepsen des Teekochers, der seine drei Minuten Brühzeit peinlichst genau einhält, und vom Piepsen des Eierkochers zwei Minuten später abgelöst wird. Und ausgerechnet dann, wenn man die Tasse mit heißem Tee zum Munde führt, piepst das Handy, um an die heutige Abfuhr des Biomülls zu erinnern.

Endlich im Auto, noch vom Marmeladenbrötchen beißend, erneutes Piepsen, die Warnung und gnadenlose Aufforderung, sich endlich anzugurten. Und da man im Moment keine Hand frei hat, steigert sich dieser Ton zu einem akustischen Furioso, sodass man sich schließlich genötigt fühlt, anzuhalten und, das Brötchen zwischen die Zähne geklemmt, den rettenden Gurt anzulegen.

Unweigerlich hat man das Gefühl, dass sich ständig einer um uns sorgt, uns beobachtet, uns mahnt und uns Vorschriften macht. Dabei sind es doch nur elektronische Zeitmesser und Signalgeber, die wir jederzeit auch aus- oder doch zumindest stumm stellen könnten. Sehr schnell würden wir dann aber merken, dass wir ohne diese hochfrequenten, ätzenden Töne gar nicht mehr auskommen. Wir würden verschlafen, die Zähne wären nur oberflächlich geputzt, der Tee wäre zu stark, das Frühstücksei zu hart.

Als Jäger empfangen wir auch Signale. Töne, Laute, Piepsen und Pfiffe, die zwar, anders als etwa das Piepsen des Weckers, nicht für uns gedacht sind, die aber dennoch unsere Aufmerksamkeit erregen, die uns vorsichtig wer-

Wer den „Vogel mit dem langen Gesicht“ in seinem Revier weiß, kann sich glücklich schätzen.

den lassen, die uns aufschrecken, meist aber ganz besonders glücklich erschrecken. Das Besondere an diesen natürlichen Lauten ist, dass sie wohl auch der Waldwanderer hört, meist aber überhört und ihnen keine Aufmerksamkeit schenkt, da er nicht in der Lage ist, sie zu interpretieren. Das vorwurfsvolle Schrecken einer alten Rehgeiß wird häufig als das ferne Bellen eines Hofhundes verkannt, der von Weitem her tönende, sehnsuchtsvolle Ruf des Hirsches zu Beginn der Brunft, wird gar als das Aufheulen einer gequälten Motorsäge im Bergwald fehlinterpretiert. Der in kalter Winternacht zu vernehmende, wimmernde Laut einer ranzigen Fähe ist für viele Waldbesucher genauso wenig einzuordnen wie der kurze nasale, warnende Schrecklaut eines Alttieres, und hinter dem wiederholten Pfiff des Murmeltiers mag gar mancher einen hemdsärmeligen Senner vermuten, der seiner Liebsten auf der Nachbaralm einen akustischen Gruß sendet.

Ich warte auf die Rückkehr der Schnepfe. Es ist allerhöchstens nur eine halbe Stunde, in der man den unglaublichen Zauber des abendlichen Schnepfenstrichs auskosten kann, ein Moment, in dem alle Sinne dabei gleichermaßen angesprochen werden. Durch bewusstes Schauen erkennt man die mit dem Untergehen der Sonne allmählich verblassenden warmen, erdigen Brauntöne der vergilbten und nun vom Schnee befreiten, plattgedrückten Halme und Schilfpolster, dann das sich verdunkelnde blaugraue Firmament mit dem Aufleuchten des Abendsterns. Dem Boden entströmt ein Hauch von modrigem Erdreich und anmooriger Feuchte. Der Gesang der Vögel steigert sich zu einem vielstimmigen Finale und ebbt allmählich ab. Dann ist Stille. Warten.

Ich male mir in solchen Momenten oft aus, wie schrecklich es sein muss zu erblinden, all das nicht mehr sehen und erleben zu können. Auch plötzlich zu ertauben, nichts mehr hören, nicht mehr lauschen zu können, wäre ein ebenso großer katastrophaler, das Leben verändernder Verlust. Wir Jäger sprechen immer vom Anblick, vornehmlich von gutem Anblick, den wir hatten oder den wir uns wünschen. Von dem Gehörten, oder von dem, was wir zu hören hoffen, reden wir kaum.

Ich warte heute und hoffe, wie jedes Jahr, auf ein ganz bestimmtes Signal. Bewusst schließe ich die Augen, atme die kalte Frühlingsluft ein, lausche. Da ist das Signal, auf das ich gewartet habe: »Puitz, puitz …« Die Erste ist da!

KEHRAUS

DIE MUSIK IST AUS, das Büffet ist abgeräumt, das heitere Lachen verstummt. Die Gläser sind leer und die letzten Gäste, die bis in den frühen Morgen das Tanzbein geschwungen haben, verlassen den Saal. Als »Kehraus« bezeichnet man diese Phase eines zu Ende gehenden, rauschenden Festes. In Erinnerung an das eben noch Erlebte schleicht sich dabei nicht selten leise Wehmut ein. Wohl keiner wird von dieser aufkommenden traurigen Grundstimmung mehr bedrückt als der Karnevalist am Aschermittwoch. Auch wir Jäger erleben jedes Jahr einen jagdlichen »Kehraus«. Waren die für uns so wertvollen, erlebnisreichen Herbsttage im Revier landauf, landab noch vor wenigen Wochen erfüllt vom Treiberlärm, vom giftigen Laut der stöbernden Hunde, von Hörnerklang und Büchsenknall sowie den fröhlichen Zurufen der Jäger untereinander und den Kommandos der Hundeführer, so scheinen die Wälder jetzt verlassen. Nur das gelegentliche gequält aufheulende Geräusch einer Motorsäge zeigt, dass der Wald nun wieder den Forstarbeitern allein gehört. Vorbei sind die geselligen, mitunter auch feuchtfröhlichen Schüsseltreiben, die durch Begegnungen mit Gleichgesinnten und durch den Austausch von Gedanken, Freundschaften über Reviergrenzen hinweg entstehen ließen.

Die Jagd ist vorbei, das »Event«, das alljährlich immer wiederkehrende »Fest«, ist zu Ende. Jeder geht nun seiner eigenen einsamen grünen Wege und erinnert sich gerne und dankbar an die vergangene Jagdsaison. Bei dem einen oder anderen mag sich diesem wieder heraufbeschworenen Gefühl ein schaler Beigeschmack beimischen. Nicht etwa ein »Brummschädel« oder ein »Kater« wie nach durchzechter Ballnacht. Vielmehr ist es das Bewusstsein, dass man vielleicht aus Gier und dem Drang besonders viel Beute zu machen, nicht immer auf seine innere Stimme, die Stimme des Herzens gehört hat, dass man leichtfertig, ethische Grundsätze außer Acht lassend, den Finger krumm gemacht und vielleicht einer Kreatur unnötiges Leid zugefügt hat.

Mit einer Art »jägerischen Aschermittwoch« wird für uns Jäger jetzt eine ganz besondere Zeit eingeläutet. Nennen wir sie »jägerische Fastenzeit« – die Schonzeit.

Schonzeit, eine schöne, Empathie suggerierende Bezeichnung. Verknüpfen wir aber auch in unserem Innersten Schonzeit wirklich mit einem Verschonen des Wildes vor unserer Nachstellung, vor unserer oft triebhaften Gier nach Beute? Nicht selten bekommt man den Eindruck, dass manche Waidkameraden die Schonzeit eher als eine »saure Gurkenzeit« empfinden, eine Zeit, in der sie sehr zu ihrem Missfallen nicht jagen können. Sie scheinen in dem Schonungsgebot ein Verbot zu sehen, dem eigenen lustvollen Verlangen nachgehen zu dürfen. Die Aufhebung dieser gesetzlich verankerten Jagdruhe scheinen »Blei- und Pulversportler« nicht erwarten zu können.

Bedenken wir doch einmal, was wir in unserem eigenen Interesse nicht alles schonen. Mit dem Mündungsschoner schützen wir den Lauf unserer Büchse vor eindringenden Fremdkörpern. Den Okularen des Fernglases, des Entfernungsmessers und des Spektivs widmen wir nicht weniger Sorgfalt als unserer wertvollen Büchse, die wir zum Schutz ihres schön gemaserten Schafts und der wertvollen Gravur schonend in ein weiches Futteral betten. Stets ist es unser Bestreben, durch besondere Sorgfalt und Schonung materielle Werte zu erhalten.

Im Rahmen der Vorbeugemaßnahmen gegen die Afrikanische Schweinepest ist bereits die Schonzeit für alles Schwarzwild aufgehoben. Wir Jäger sehen uns in der Pflicht, einen Beitrag im Kampf gegen diese auch die Hausschweinbestände bedrohende Viruserkrankung zu leisten. Stimmen werden laut, im Rahmen des Wald-vor-Wild-Konflikts auch die Schonzeit für Rehwild zu verkürzen. Wir sollten bei diesen gesetzlichen Vorgaben dabei unsere tierschutzgerechten und jagdethischen Prinzipien nicht leichtfertig aufgeben. Wir sollten dabei auch unsere ethische Werte erhalten.

Die mit Beginn der Schonzeit in unseren Revieren wieder aufkommende Stille und Unberührtheit haben eine ganz besondere Qualität. Sie bieten uns die Möglichkeit, auf unsere eigene Stimme zu hören und frei von Beutelust unser jagdliches Tun auch einmal kritisch zu hinterfragen, wenngleich wir nicht gleich im Büßerhemd in »Sack und Asche gehen« müssen.

Sehnsüchtig, auch ohne Flinte, erwarten wir unter dem allmählich verstummenden Jubilieren der Vögel und dem Aufleuchten des Abendsterns

Der Schnepfenstrich, ein beinahe mystischer Moment

am Firmament das Auftauchen der aus dem Süden heimkehrenden Schnepfe. In solchen Momenten kommt mir Wanderers Nachtlied in den Sinn, das Goethe 1780 mit Bleistift an die Bretterwand einer Hütte geschrieben hat.

Über allen Gipfeln
Ist Ruh',
In allen Wipfeln
Spürest Du
Kaum einen Hauch;
Die Vögelein schweigen im Walde.
Warte nur! Balde
Ruhest du auch.

»Kehraus« mag uns Jäger im ersten Moment ein wenig wehmütig stimmen, aber die folgende jagdfreie Zeit sind wir dem Wild schuldig. Auch wir profitieren davon, wenn wir endlich mal ein paar Wochen lang »Ruhe geben«.

ZURECHTBIEGEN

»Die Bergjagd erfordert Fitness – kurze Rasten beim Aufstieg lassen Raum für nachdenkliche Betrachtungen.«

ANFANGS GELINGT ES MIR NOCH, mit dem vorausteigenden, bergerfahrenen und durchtrainierten Berufsjäger Schritt zu halten, aber je näher wir unserem Ziel, der Hochalm, kommen, umso häufiger muss ich innehalten, durchschnaufen und mir mit dem stets mitgeführten kleinen Handtuch den von der Stirne in die Augen rinnenden Schweiß abwischen. Man will ja partout nicht als Schwächling gelten, und so überspiele ich diesen Moment, den ich zur Erholung brauche, gern mit allerlei von meiner momentanen Schwäche ablenkenden Sprüchen.

Das Repertoire an solchen ist groß. Manchmal frage ich den Jäger nach den Namen irgendwelcher Gipfel, die in der Ferne auftauchen, um ihn so zum Innehalten zu bewegen. Das funktioniert leider nicht immer. Es kam schon vor, dass der Jäger achselzuckend weiterstieg. Gern frage ich auch nach irgendwelchen Interna aus seinem Bekanntenkreis: »Was macht eigentlich der Toni?« oder »Is' der Sepp no' mit derer Sennerin beinand?« Solche Fragen ziehen immer, und während ich mir die neuesten Weibergeschichten anhöre, die man sich über den Sepp erzählt, kann ich mich bestens erholen, versäume dabei aber nicht, mit geheuchelten Zwischenfragen den Jäger zu animieren weiter auszuholen und ihn so zu einem längeren Verweilen zu veranlassen.

In der zurückliegenden Rehbrunft war es anders. Wir mussten nicht hoch hinauf, und es machte mir keinerlei Schwierigkeiten, dem Jäger auf dem schmalen Steig zu folgen. Da blieb er plötzlich stehen, drehte sich zu mir um und deutete mit seinem Bergstecken auf eine im steilen Hang stehende Fichte. »Schau dir den Baum oh, wie si' der wieder z'rechtbog'n hod!«.

Der Stamm dieses alten Baumes war oberhalb des Wurzeltellers wohl durch hohen Schneedruck oder gar durch eine Lawine in seinen ersten Wachstumsjahren schräg nach unten gebogen worden, fand dann im Lauf der Jahre wieder den Weg zurück und wuchs kerzengerade nach oben. Ein häufig verwendetes Logo von Orthopädischen Kliniken kam mir da in Erinnerung: Es zeigt ein stilisiertes, verkrümmtes Bäumchen, das, angebunden an einen stützenden Pfahl, wieder in die richtige Wuchsrichtung gezwungen

Einst von einer Lawine niedergedrückt, hat sich die Fichte im Lauf der Jahre aus eigener Kraft wieder aufgerichtet.

wird. Dies ist ein geradezu geniales, anschauliches Symbol für die heilende Kraft einer redressierenden Therapie, einer unblutigen Behandlung mit Gipsverbänden oder gepolsterten Plastikschienen, sogenannten Orthesen, zur Korrektur einer körperlichen Deformierung oder Einrenkung eines Knochenbruches.

Die Fichte im Bergwald hatte es ohne jede Hilfe geschafft, hat sich mit ihrem Wurzelwerk fest im Fels verankert und sorgt Jahr für Jahr für eine üppige Naturverjüngung.

Schon wenig später bot sich uns ein weiteres Bild, das die ungeheure Heilkraft der Natur unter Beweis stellte. Ein Rehbock, nicht der, dem unsere eigentliche Pirsch galt, sondern ein drei- bis vierjähriger, schwach vereckter Sechser trieb eine Geiß kreuz und quer durch den Hochwald. Als die beiden ihren Hochzeitsreigen unterbrachen und gemächlich da und dort im Lahnergras einige Halme aufnahmen, erkannten wir, dass der Bock leicht seinen rechten Hinterlauf schonte. Das Sprunggelenk erschien kolbig aufgetrieben. Dieser Bock passte, aber ehe ich am Bergstecken anstreichen konnte, setzten die Rehe ihren Reigen fort – und weg waren sie. Auch bei diesem Bock, der sich vielleicht bei einem Sturz oder im Hagel eines Steinschlags diesen Hinterlaufbruch zugezogen hatte, wirkte die Natur heilend und ermöglichte dem Tier ein unbeschwertes Leben, das nun mit einem Schuss auszulöschen mir, ehrlich gesagt, gar nicht so leichtgefallen wäre. Vielleicht hätte die Natur den Bruch etwas besser zurechtbiegen können – aber wozu?

Dieser kleine kosmetische Fehler hinderte den Bock, wie man ja sehen konnte, in keinster Weise daran, eine liebende Partnerin zu finden. Es gibt viele Dinge, wo der Wurm drin ist, wo etwas aus dem Gleis gelaufen ist, wo etwas zu korrigieren ist, wo es gut wäre, wenn wir es fertigbrächten, es wieder zurechtzubiegen. Vielleicht unser Verhältnis zum Jagdnachbarn, zur Land- und Forstwirtschaft, zu anderen Naturliebhabern oder ganz allgemein unser nur auf Gewinn und realen Nutzen ausgerichtetes Verhältnis zur Natur. Wir müssen das ganz alleine, auch kleine Schönheitsfehler in Kauf nehmend, zurechtbiegen. Die Natur hilft uns da nicht.

VOGELSTIMMEN

HÖREN WIR HEUTE DIE ORIGINALVERSION eines Schlagers oder Gassenhauers, ist uns in den meisten Fällen sofort der Name des Interpreten bekannt. Bei dem Lied eines gefiederten Sängers gelingt uns dies meist nicht und die Botschaft des Gesangs bleibt uns verborgen.

Wie in Trance ist der Jogger eben an meiner hohen Ansitzleiter vorbeigehastet, mit nur halb geöffneten Lidern hat er meine zum Gruß erhobenen Hand nicht wahrgenommen. Auch ein freundlich zugerufenes »Griaß di!« hätte ich mir sparen können angesichts der Kopfhörerstöpsel, mit denen der Läufer seine Gehörgänge gegen jegliche Geräusche von außen hermetisch abgeriegelt hat. Musik schien er zu hören, die ihn beim Laufen beflügeln soll. Bei diesem akustischen Doping scheint es weniger auf den Takt, wie zum

Die Goldammer. Vogelkundige erkennen ihr Alter am Takt des Gesangs.

Beispiel bei der Marschmusik, anzukommen, sondern vielmehr darauf, welche Gefühle die Musik beim Hörer weckt. »We Are the Champions« ist so ein Titel, der dem Läufer suggeriert, du kannst es, du schaffst es, du bist der Größte.

Ein schrecklicher Gedanke hier auf dem Hochsitz mit Ohrstöpseln sitzen und sich, sozusagen zum Anturnen, Jägerlieder wie »Ich schieß den Hirsch im wilden Forst …« geben zu müssen. Umso bewusster und dankbar lausche ich nun dem Gesang der Vögel, die an diesem lauen Maiabend noch einmal zu Hochform auflaufen und sich vollends zu verausgaben scheinen.

Vögel alleine nach ihrem Escheinungsbild zu bestimmen, ist schon schwer genug. Die vielen unterschiedlichen Stimmen aber dem richtigen Sänger zuordnen zu können, erfordert geradezu ein abgeschlossenes ornithologisches Studium. Zu meinem vierzehnten Geburtstag hatte ich mir das »Exkursionsbuch zum Studium der Vogelstimmen« gewünscht. Die Enttäuschung war groß. Das kleine, nicht ganz billige Büchlein lag wohl auf dem Geburtstagstisch, aber ich merkte schnell, dass ich als Unerfahrener damit nichts anfangen konnte. Mit ganzen Abfolgen von Noten und geheimnisvollen, hieroglyphenartigen Zeichen versuchte der Autor, dem Leser den Vogelgesang hörbar zu machen. Mir war das Ganze zu wissenschaftlich. Ich hörte beim Lesen des Buches nichts.

Heute lassen sich all diese Vogelstimmen vom Fitislaubsänger über den Steinschmätzer bis hin zur Heckenbraunelle im Internet herunterladen und nach dem Motto »geht ins Ohr, bleibt im Kopf« abspeichern. Bei der Bestimmung der gängigsten Vogelstimmen bin ich heute einigermaßen firm, oder vielleicht genauer gesagt, beschränken sich meine Kenntnisse nicht nur auf den Ruf des Taubers oder des Kuckucks.

Wie sagt man heute so neudeutsch: »Learning by Doing«. Wer könnte das besser als der besonders in den Morgen- und Abendstunden ständig von Vogelstimmen beschallte Ansitzjäger. Früher oder später wird er den kleinen Sänger, dessen zarte Stimme er meist zur gleichen Zeit am gleichen Ort vernimmt, im Astgewirr eines Baumes oder auf hoher Warte eines Fichtengipfels entdecken und sich darüber freuen, dass er zum Ton nun endlich auch ein Bild hat.

Einige Vogelstimmen wecken in mir ganz besondere Erinnerungen und lassen mich, wann immer ich sie auch höre, an ganz bestimmte Erlebnisse denken, an Umstände, die mit dem erstmaligen bewussten Hören dieser Stimme in Verbindung stehen.

Es war mein erster Schultag auf dem Gymnasium. Alles war für mich noch unbekannt und aufregend. So blieb es nicht aus, dass ich für die erste Heimfahrt versehentlich in den falschen Zug stieg, den ich, meines Irrtums gewahr, beim nächsten Halt fluchtartig wieder verließ. Es blieb mir nichts anderes übrig, als die vier Kilometer zum Bahnhof zurückzumarschieren. Ich sehe mich noch heute bei brütender Hitze mit der schweren Büchertasche auf der schmalen, staubigen Landstraße dahintrotten. Von den wenigen Autos, die damals fuhren, getraute ich mich keines anzuhalten.

Über dem heißen Asphalt flimmerte die Hitze. Die Schuhe, die ich für den Schulanfang bekam und erstmals trug, drückten und meine Füße schmerzten. Ich ärgerte mich über meine Dummheit, wurde mutlos, fühlte mich von Gott und der Welt verlassen und war den Tränen nahe. Aber ich war nicht allein. Ein Vogel, dessen Gesang mich an das Zirpen einer Heuschrecke erinnerte, schien mich zu begleiten. Ich entdeckte ihn schließlich hoch oben auf einem hölzernen Masten der Telefonleitung, die meinen Weg säumte. Mal flog er zum nächsten Masten voraus, mal blieb er zurück, um mich wenig später wieder zu überholen und mich nach fünfzig Metern mit seinem typischen Gesang zu begrüßen. Ich hörte später diesen Vogel noch oft und jedes Mal, wenn ich, auch heute noch, seinen Gesang vernehme, denke ich an die staubige Landstraße, an Hitze und schmerzende Füße.

Anfangs war dieser Vogellaut für mich negativ besetzt. Heute weiß ich, um wen es sich bei diesem Sänger von der Landstraße gehandelt hat. Es war die Goldammer. Ich muss ihr dringend Abbitte leisten. Ihr Laut, so wird er in der einschlägigen Literatur beschrieben, ähnelt, ähnlich wie auch ich es empfunden hatte, dem Zirben der Heuschrecke und lässt sich in unsere Sprache übersetzt am besten mit »Iiiiiich hab dich lieeeeeb« beschreiben. Damals wusste ich nicht, welche aufmunternden, schließlich aber wirkungslos verhallenden Worte mir der Vogel da ständig von seiner hohen Warte herunter zurief. Ganz sicher hätte ich damals die Strapazen in der Hitze besser überwunden und den mühsamen Weg schneller bewältigt mit Stöpseln im Ohr und dem Song »We Are the Champions.« Aber ich wäre heute um eine große Erkenntnis und ein großes Erlebnis ärmer.

LIEBLING REH

Verbissschäden scheinen das Reh zum Problemwild zu machen. Sein Rückhalt in der Bevölkerung lässt aber hoffen.

WÜRDE MAN PASSANTEN IM GETÜMMEL einer Fußgängerzone auffordern, eines unserer heimischen Wildtiere zu benennen, bekäme man in den meisten Fällen sofort die Antwort »Reh«. Ich weiß nicht, ob irgendein Institut jemals so eine Befragung durchgeführt hat, aber es wäre schon interessant zu wissen, was Menschen auf der Straße ganz spontan zum Reh einfällt. Der Rehrücken, so könnte ich mir vorstellen, wäre neben dem Rehragout und der Rehkeule der Klassiker unter den mit Reh assoziierten Begriffen. Eigentlich nichts Verwerfliches. Hätte man vor Hunderttausenden von Jahren einem Steinzeitjäger mit Speer und Faustkeil eine ähnliche Frage gestellt, wären die Assoziationen mit Mammutrücken und Mammutkeule, wenn auch in größeren Dimensionen, vergleichbar ausgefallen.

Nie aber hätten unsere Altvorderen in der Steinzeit eines ihrer Wildtiere auch als schützenswertes Lebewesen erkannt wie wir heute. Der Antropomorphismus, die Vermenschlichung von Tieren, zu der heute wohl jeder zivilisierte Mensch gern neigt, mag auch der Grund dafür sein, dass 1942 ein junges Wildtier die Welt erobern konnte. Es war zwar kein junges Reh, sondern ein Weißwedelhirschkalb, das der legendäre Walt Disney mit seinem Kinderfilm »Eine Lebensgeschichte aus dem Walde« über Nacht zu einem weltweit geliebten Geschöpf machte. »Bambi«, dessen große, dunkle Augen und dessen kleine Stupsnase uns Menschen emotional berühren und in uns eine große Menschlichkeit und Achtsamkeit hervorrufen, wurde zum Symbol für ein brüderliches Geschöpf. Ob Bambi nun einen Wedel hat oder nicht, spielt keine Rolle.

Weil es in unseren Breiten keine Weißwedelhirsche gibt, haben wir aus dem Weißwedelhirschkalb ein Rehkitz gemacht. Kalb oder Kitz, egal: Beide wecken in uns Menschlichkeit und ein großes Verantwortungsgefühl und mahnen, uns mental mit der unschuldigen, liebenswerten Kreatur auseinanderzusetzen. Dieses Verantwortungsgefühl geringschätzend als Bambi-Mentalität abzutun, ist despektierlich und verletzt alle Menschen, denen Tierschutz eine Herzensangelegenheit ist.

Bambi-Mentalität ist mittlerweile abwertend zu einem Synonym für einen übertriebenen, an der Realität oft vorbeigehenden Tierschutz geworden. Wir Jäger wissen, wovon wir sprechen. Wir haben nicht selten ein ambivalentes

Große Augen, hohe Stirn und Stupsnase: Rehkitze lösen bei uns Menschen positive Gefühlsregungen aus.

Verhältnis zum Wildtier. Einerseits wollen und müssen wir es erlegen und auf der anderen Seite können wir uns manchmal in unserem Innersten nicht gegen eine sich in uns meldende Bambi-Mentalität wehren. Wenn wir Wald ohne Wild ablehnen und einen Wald mit Wild wollen und fordern, dann hat dies überhaupt nichts mit einem übertriebenen Tierschutz gemein. Es ist unsere Pflicht, den bedrohten Lebensraum für unsere frei lebenden Tiere zu erhalten. Das Reh gehört auch dazu und ist dabei gleichermaßen angewiesen auf den Förster, den Waldbauern und den Jäger, die sich nicht nur mit Säge, Hacke oder Büchse, sondern auch mental mit ihm auseinandersetzen.

Das Reh genießt in unserer Bevölkerung seit Menschengedenken hohes Ansehen. Sein graziler Körper, seine tollkirschenschwarzen Augen und der feuchte Glanz auf seiner Nase verleihen ihm etwas Anmutiges und Liebreizendes. Wähnt es sich in Sicherheit, lässt es uns oft auf kurze Distanz an sich heran, um sich dann federleicht, wie vom Wind getragen, unseren Blicken zu entziehen. Uns Menschen erfreut dieser Anblick, diese Begegnung mit dem Wilden, dem Natürlichen. Auf solche wertvollen Momente wollen wir nicht verzichten. Doch was ist so ein Moment wert? In Heller und Pfennig lässt sich das nicht beziffern. Wohl ist er für den Naturfreund kostenfrei, aber wir müssen dafür eintreten, dass ein Reh auch weiterhin sichtbar bleibt, will heißen, dass wir es nicht zum Schädling degradieren und ihm nicht das Lebensrecht in unseren Wäldern und Fluren streitig machen.

Prominente sowie auch einfache Menschen wie du und ich, stille Helden und Ehrenamtliche werden alljährlich für ihre Visionen und Kreativität, für ihre herausragenden Erfolge und Leistungen von Hubert Burda Media mit einem sehr begehrten Preis medienwirksam ausgezeichnet: dem Bambi. Da ist es wieder, dieses auf staksigen Läufen stehende Reh, ganz in Gold, von männlichen wie weiblichen Stars an die Brust gedrückt, gestreichelt und unter Tränen geküsst. »Bambi ist ein Format, das von Emotionen lebt«, heißt es in einer Pressemitteilung. Hohe Einschaltquoten sind vorprogrammiert.

Vielleicht sollten wir daran arbeiten, dass auch Wildtierschutz zu einem Format wird, das von Emotionen lebt. So schwer kann das doch nicht sein.

KAMMERJÄGERINNEN

> *»Um die Jagd ausüben zu können, benötigt man nicht immer einen Jagdschein.«*

SICH IN DER HEUTIGEN, eher jagdkritischen Gesellschaft als Jäger zu outen, sich öffentlich zu einer Passion zu bekennen, die etwas mit dem Töten von Tieren zu tun hat, fällt nicht jedem Grünrock leicht. Da gibt es den auf das Wohlwollen der Wähler angewiesenen Politiker, der es sich dreimal überlegen wird, ob es, besonders vor Wahlen, förderlich ist, in seiner Vita darauf hinzuweisen, dass er nicht nur Sport treibt, die Gitarre zupft, liest, reist und gern mit den Enkeln spielt, sondern auch auf die Jagd geht. Diese Zweifel sind durchaus berechtigt, denn ein Bekenntnis zur Jagd kann Wählerstimmen kosten. Auch der Jungjäger wird in einem Bewerbungsschreiben seine Jagdleidenschaft unerwähnt lassen, denn man weiß ja nie!

Bei uns auf dem Land, wo beinahe jeder jeden kennt, wo die Jagd noch ein fester Bestandteil des Landlebens ist und als nachhaltige Nutzung wertvoller Ressourcen einen hohen Stellenwert besitzt, da sind solche Zweifel nicht angebracht. Hier ist der Herr Altlandrat ebenso als leidenschaftlicher Nimrod bekannt und geachtet wie der jagende hochwürdige Herr Pfarrer, der jagende Schulleiter und der auf die Jagd gehende Doktor. Bei all dieser Toleranz, die auch ich hier erlebe, versäumte ich es dennoch nie, auf dem Heimweg von der Jagd und vor dem Betreten eines Geschäfts die gewohnheitsgemäß im Munitionsfach gut sichtbar über der linken Brusttasche meiner Joppe steckenden, möglicherweise Furcht einflößenden Patronen zu entfernen und in der Hosentasche zu verstauen.

So auch unlängst, als ich eine Metzgerei betrat, um Wurst für das Frühstück zu kaufen. Vier eifrig über das Wetter, das gestrige perfekte Dinner im Fernsehen und über Kochrezepte palavernde Kundinnen hatte ich vor mir. Der Metzger, obwohl ganz allein hinter der Theke, ließ keine Hektik aufkommen. Geduldig präsentierte er einer sehr wählerischen Kundin verschiedene Schweinefilets und Rindersteaks und ließ sie von diversen Wurstsorten kosten. Immer wieder neue kleine Wurststückchen spießte er mit seinem langen Schlachtermesser auf und reichte sie, galant wie ein Florettfechter, der Dame, die, nachdem sie sehr langsam kauend die Wurst verkostet und anschließend den Mund mit einem Tempotaschentuch abgetupft hatte, mit Komplimenten nicht sparte, sich aber dennoch Zeit ließ mit der Entscheidung, von welcher Spezialität ihr der Schlachter einhundert Gramm aufschneiden sollte.

Das kann dauern, dachte ich mir. Auch bei den Frauen vor mir kam leichter Unmut ob der sehr wählerischen, unentschlossenen Kundin auf. Das Palavern über Kochshows und Rezepte verstummte. Nur noch ein mürrisches Raunen war zu vernehmen und dann trat gespannte Stille ein, in der

Eine uralte Weisheit: Mit Speck fängt man Mäuse.

man auch den leise unter vorgehaltener Hand geäußerten Wunsch der besagten Kundin vernehmen konnte.

»Nun habe ich noch ein ganz spezielles Anliegen.«

»Oh Gott, was will sie denn jetzt noch!«, raunte unüberhörbar die Kundin vor mir.

»Hätten Sie vielleicht noch ein klitzekleines Stückchen Speck für mich?«, fuhr die Dame fort, und noch leiser und geheimnisvoller flüsterte sie: »Wir haben nämlich eine Maus im Schlafzimmer! Ich will eine Falle stellen!«

Kurze, absolute Stille im Raum. Selten habe ich einen so rapiden Stimmungsumschwung erlebt wie in diesem Moment. Innerhalb weniger Sekunden hatte die wählerische Kundin, die kurz zuvor noch den Unmut der Wartenden auf sich gezogen hatte, die Sympathien aller Anwesenden auf sich vereint.

»Eine Maus, im Schlafzimmer, ja pfui Deifi, des geht ja gar net!« – »Ja, die Mistviecher komma überall nei, jetzt wos drauß'd so koid is!« – »Mir hamma zwoa vo dene Krippln gestern in der Küch g'habt! I hab s mit'n Besen derschlag'n!«

Jede der Frauen und auch der Metzger selbst wussten nun was zu berichten, wo und wann sie eine Maus im Haus gehabt hätten und wie sie mit den Plagegeistern umgegangen seien, welche Fangmethoden und Köder sich besonders bewährt hätten, und gaben Ratschläge, welches Gift besonders wirksam sei und mit welchem man einen weniger durchschlagenden Erfolg erzielt hätte. Ich staunte nicht schlecht, welchen Kampfgeist die Damen da an den Tag legten und mit welcher Selbstverständlichkeit und Brutalität sie über das Töten dieser Kleinsäuger sprachen und sich ereiferten. Der Metzger nutzte die Gunst der Stunde und verteilte, nachdem er fängischen Speck abgeschnitten hatte, in der mittlerweile heiteren Runde mäusejagderprobter Fachfrauen nun auch an die anderen Kundinnen auf seinem langen Messer aufgespießte Häppchen. Wie lautet doch die alte Weisheit? Es gibt nichts, was mehr verbindet als ein gemeinsamer Feind.

Auch ich bekam Bündner Fleisch und a G'selchts zum Probieren. Kundenbindung nennt man das. In diese Metzgerei gehe ich seitdem regelmäßig. Meine Patronen? Die bleiben seitdem bei jedem Einkauf sichtbar über der Brusttasche meiner Joppe stecken. Auch wenn ich damit keine Mäuse schieße. Jagd ist Jagd!

STALLGERUCH

WENIGER DER AN DEN KLEIDERN haftende ammoniakhaltige Dunst ist mit der Überschrift gemeint als vielmehr ein sprichwörtlicher Duft, der sich aus Herkunft, Erfahrung, Wissen und Wahrhaftigkeit herleitet.

Entweder in die Gummistiefel geschlüpft oder schnell ein Paar Galoschen über die Straßenschuhe gezogen und den alten, abgewetzten Anorak angelegt. So hergerichtet gehe ich ums Morgengrauen in den Stall, um die Pferde zu füttern. Die Atmosphäre, die mich dort empfängt, ist immer wieder aufs Neue ein Erlebnis, das alle Sinne anspricht. Verhaltenes, aber dennoch erwartungsfrohes Wiehern, ungeduldiges Scharren mit den Hufen und das Nicken mit den Köpfen zeigen mir, wie sehnsüchtig die Tiere auf mich warten, und lassen mich die gegenseitige Vertrautheit und Zuneigung spüren. Ich mag den Geruch, der mich dort umgibt, eine Mixtur aus würzigem Heu, Lederzeug, Mückenspray, Pferdedung und leichten Ammoniakdämpfen, wenngleich sich Letztere auch in den Klamotten festsetzen und jedermann signalisieren, dass man aus dem Stall kommt. Das Fatale daran: Selbst riecht man es nicht, andere tun das sehr wohl und Geschmäcker sind ja bekanntlich verschieden.

Unauslöschlich sind die Erinnerungen an Heinzi, der im Konfirmandenunterricht neben mir saß. Er musste mit seinen 13 Jahren täglich auf seinem elterlichen Sacherl bei der Stallarbeit helfen. Sie hatten zwar nur drei von Hand zu melkende Milchkühe, aber die genügten, um seinen wollenen Pullover mit einem so starken Geruch nach Kuhmist zu imprägnieren, dass sich außer mir niemand zu ihm setzen wollte. Mich störte das überhaupt nicht. Ich war oft bei ihm zu Hause, auch im Stall, eine wunderbare Idylle, ein kleines Paradies. Heute ist Heinz ein erfolgreicher Unternehmer. Er hat einen Schlachtbetrieb aufgebaut, und ich bin mir sicher, dass er weiß, wie man verantwortungsvoll mit Schlachttieren umzugehen hat. Er weiß aus seinen Kindertagen, dass eine Kuh mehr ist als nur einige Zentner Fleisch und Knochen.

Vor zwei Jahren bin ich ihm wieder einmal begegnet. Eine etwas korpulente, fröhlich aufgeschlossene Erscheinung im Trachtenanzug. Ich roch nichts, aber mir wurde klar, dass er seinen beruflichen Erfolg in gewisser Weise seinem frühen Umgang mit den Kühen, seinem »Stallgeruch«, zu verdanken hat.

Attestiert man heute jemanden »Stallgeruch«, obwohl er weder Pferde, Schweine, Kühe oder anderes Getier zu Hause hält, dann soll das heißen, dass man seine Herkunft und die daraus gewonnene Erfahrung, sein Wissen schätzt – man bescheinigt ihm Authentizität. Dieser sich später im Leben

Wer mit Kühen aufwächst, sieht in ihnen nicht nur Nutztiere, sondern Geschöpfe, die unsere Achtung verdienen.

positiv auf die Karriere auswirkende »Stallgeruch« wird einem nicht geschenkt, haftet einem nicht automatisch an. Man muss dafür auch etwas tun.

Es ist durchaus nicht hinderlich und tut uns Jägerinnen und Jägern gut, wenn auch uns etwas »Stallgeruch« anhaftet. Man muss sich dafür aber nicht in seiner Ahnenreihe auf den Forstmann, Jäger und Philosophen Emil Diezel (1779–1860) berufen können oder ein Nachfahre des Forstmanns und Jägers Walter Frevert (1897–1962) sein. Glücklich kann sich der schätzen, dem die Liebe zum Waidwerk sprichwörtlich mit in die Wiege gelegt und der schon von Jugend an von seinem jagenden Vater an die Hand genommen und so in die Geheimnisse der Natur mit allen ihren frei lebenden Geschöpfen eingeweiht wurde. Das Durchlaufen einer behördlich vorgeschriebenen Jungjägerausbildung mit abschließender Prüfung bleibt auch ihm nicht erspart, aber vielleicht hatte man ihn im Elternhaus schon eine gewisse Achtung vor allen Geschöpfen und eine Bildung des Herzens, wie sie der Jagdphilosoph Eugen Wyler fordert, vermitteln können.

Es muss sich nicht unbedingt das Sprichwort bewahrheiten: »Was Hänschen nicht lernt, lernt Hans nimmermehr«. Man täte damit jedem späten Quereinsteiger, jedem Spätberufenen in Sachen Jagd Unrecht, aber dieser wird sich vielleicht ein wenig schwerer tun und vielleicht ein wenig länger brauchen, die Jagd in all ihrer Komplexität und Großartigkeit zu erkennen.

In der Politik und auch in der Wirtschaft erleben wir es immer wieder, dass man mit »Stallgeruch«, will heißen mit langer Parteizugehörigkeit oder als langjähriger Mitarbeiter, schneller Karriere macht. Als Jäger wollen wir ja weder befördert werden noch Karriere machen, aber ein uns anhaftender »Stallgeruch« stärkt unser jägerisches Selbstbewusstsein gerade in einer Zeit, wo die Jagd von vielen Seiten unsachgemäßer Kritik ausgesetzt ist. Ich muss an die Worte meines Lehrers Walther Niedl denken. »Jagen«, so schrieb er, »heißt wurzeln im Gestern, stehen im Heute und kämpfen für morgen.«

Viehhalter mit Geruch nach Kuhmist gibt es kaum noch. Moderne Stall- und Lüftungstechnik und Schmutzschleusen wissen das zu verhindern. Fesche Jungbäuerinnen und Jungbauern posieren heute als Models in den sehr begehrten, großformatigen Hochglanzkalendern und sind für jedermann eine Augenweide. Den »Stallgeruch« sollten sie dennoch nicht leugnen, und das gilt auch für die nicht minder wohlriechenden und adretten Jungjägerinnen und Jungjäger. Er kann ihnen nur hilfreich sein.

NICHT DER TON ALLEIN

DAS BILD EINER ALTEN FRAU, die in gebeugter Haltung ihr mühsam zusammengesammeltes Feuerholz auf einem Leiterwägelchen durch den Wald nach Hause karrt und dabei von einem Rehbock angegangen wird, kommt mir in den Sinn, wenn immer einmal wieder behauptet wird, dass alleine das wiederholte Quietschen eines schlecht geölten Wagenrades einem brunftigen Bock den verlangenden Ruf einer paarungswilligen Rehgeiß vortäuschen kann. Ob sich eine derartige Szene, wie sie etwa ein Carl Spitzweg gemalt haben könnte, tatsächlich einmal zugetragen hat, ist nicht verbürgt.

Auszuschließen ist eine derartige tierische Fehlinterpretation nicht, wenn man bedenkt, dass schon mancher unerfahrene Jungjäger mit dem ersten unbeholfenen Pusten in seinen neu erworbenen Blatter den Bock innerhalb weniger Sekunden zum Zustehen bewegt hat und fortan der Meinung ist, Blatten sei das Einfachste von der Welt. Zugegeben, es gibt solche Momente des Anfängerglücks, wo alles passt, der Wind, der Zeitpunkt, die Anwesenheit eines Bockes in der Nähe und nicht zuletzt dessen Stimmung. Wer hat nicht schon als Kind beim Spaziergang durch eine Sommerwiese ein Blatt vom Weidelgras gerupft, es zwischen beiden Daumen eingespannt, durch heftiges Anblasen in Schwingungen versetzt und ihm pfeifende Töne entlockt?

Blatten ist deswegen noch lange kein Kinderspiel, wenngleich heute einfach zu bedienende Locker im Handel sind, die den noch unerfahrensten Nimrod glauben lassen, alleine mit dem Erwerb des Blatters ein firmer Blattjäger zu sein. Mit dem Zustandebringen eines Fieptones ist es nicht getan. Vielmehr erfordert diese Art, einen Rehbock zu erjagen, neben genauer Revierkenntnis auch wildbiologisches Wissen. Der besondere Reiz der Blattjagd liegt darin, dass sie dem Jäger die Möglichkeit gibt, durch imitierte Laute mit dem Bock Kontakt aufzunehmen, ihn nahe an sich heranzulocken, enge Tuchfühlung mit ihm aufzunehmen, ihm mitunter sogar auf Augenhöhe zu begegnen und dabei zu erfahren, dass er dank seiner Instinkte und Sinne dem mit allen technischen Raffinessen ausgerüsteten Menschen doch überlegen ist.

Ein Wildtier überlisten und anlocken zu können – das ist der Reiz der Blattjagd.

Blatten ist mehr als ein Spiel mit dem Tier. Um solche beglückenden Momente, die nicht zwangsläufig mit einem Schuss ihren Höhepunkt erreichen müssen, heraufbeschwören und auskosten zu können, bedarf es einer großen Sensibilität und eines hohen Einfühlungsvermögens in die Tierseele, ein Sich-Hineindenken in die momentane Situation des Bockes. Dennoch hat man sich davor zu hüten, das Tier zu vermenschlichen und eigene Maßstäbe anzulegen.

Des noch jungen Ludwig B. Freiherr von Cramer-Kletts Lehrmeister in der Blattkunst, der alte Teissendorfer, war so einer, der wie ein Bock fühlen konnte und einen ganz besonderen Fieplaut bevorzugte, ein Mittelding zwischen sehnsüchtigem Lockruf und lüsternem Angstgeschrei. Cramer-Klett vermutete, so schrieb er jedenfalls, dass der Teissendorfer, ein vielerfahrener Liebhaber, der auch noch im Alter wegen seiner Weibergeschichten von sich reden machte, den Lockton nicht nur jagdlich beurteilt hat, sondern dass er ihn sich vielmehr ins Menschenweibliche übersetzte. Oft musste ich an diese lustige Episode denken, wenn ich auf den Fährten des Jagdschriftstellers in dessen fränkischen Wäldern mit einem im Schlosspark gepflückten Fliederblatt selbst zum Blatten losziehen durfte. Seine Blattjagderlebnisse zeugen von diesen beglückenden Begegnungen mit dem Bock. Nicht selten hat er aber auch, so hat es mir sein alter Jäger erzählt, das allseits bekannte Götz-von-Berlichingen-Zitat in den Wald hineingerufen, wenn der Bock absolut nicht springen wollte, um dann, wieder mit sich versöhnt, auf dem Blatt ein Lied zu intonieren.

Von großen Jägern habe ich mir viel abgeschaut. Eugen Graf Ledebur, der geniale Illustrator des »Deutschen Jäger«, begann in der Rehbrunft nicht gleich zu blatten, sondern zu kratzen. Bockkratzen nennt man heute noch in dem oberösterreichischen Ledeburschen-Auwaldrevier diese Methode, bei der man mit dem Schuhabsatz auf dem Waldboden scharrt, um dem nicht weit entfernt in der Dickung niedergetanen, dösenden Bock einen plätzenden Nebenbuhler vorzugaukeln und ihn zum Zustehen zu bewegen. Die vielen bemoosten Gehörne an der Außenwand der in einer Art Dornröschenschlaf dahinträumenden alten Hütte des zeichnenden Grafen geben heute noch Zeugnis davon, dass scheinbar auch diese Methode zum Ziel führt, wenngleich ich in seiner Au nur mit dem Blatten Erfolg hatte.

Mit seinem Werk »Der Rehruf« hat Philipp Graf Meran schon früh einen Klassiker in Sachen Blattjagd geschrieben, der auch heute noch, in Zeiten vieler anerkannter Blattjagdexperten, Gültigkeit hat. Ich hatte die große Ehre, anlässlich des achtzigsten Geburtstages des vielgelesenen Autors in einer Feierstunde aus eben diesem Buch vorzulesen. Still, leicht nach vorn gebeugt und unbeweglich, lauschte der Graf meiner Lesung. Nur ab und zu sah ich ihn mit dem Kopf nicken und lächeln, wenn von Fehlern die Rede war, die man beim Blatten tunlichst vermeiden sollte. Ich hatte mir diese Stellen rot angestrichen und habe viel dabei gelernt.

»Bitte blatten Sie!«, forderte mich einmal Graf Kinsky auf, in dessen Besitz ich zur Rehbrunft eingeladen war und der es sich nicht nehmen ließ, mich selbst zu führen. Nichts tat sich auf mein mehrfaches beherztes Fiepen. Da stieg der alte Herr die Kanzel hinunter, schnitt mit seinem silbernen Taschenmesser einen Getreidehalm ab, versah ihn mit einem Schlitz und einer Kerbe, führte ihn leicht befeuchtet in den Mund und entlockte ihm ganz zarte Töne. Der Bock sprang augenblicklich und lag im Feuer. In das Gästebuch der gastfreundlichen Burg schrieb ich damals, um eine Erfahrung reicher:

Es gibt der Blatter wirklich viel
aus Gummi, Plastik, Holz.
Man kommt damit oft nicht ans Ziel –
der Bock hat seinen Stolz!
Doch blattet endlich der Herr Graf
auf Stroh, das tut er gern,
dann springt der Bock ganz brav
zur Stimme seines Herrn.

Ein dankbarer Jagdgast
Burg Heidenreichstein, 4. August 1993

GRÜNE SCHUTZENGEL

IN SEINER FÜR IHN TYPISCHEN bildreichen Sprache beschreibt Ludwig B. Freiherr von Cramer-Klett in »Spiel der Lichter und Schatten« einen kleinen Teil seines oberfränkischen Reviers, das »Bächleinstück«:

»Da schleicht ein sandgründiger Bach im dichten, verwunschenen Rehwald zwischen dick bemoosten Ufern, zwischen Wurzelschlangen, Binsen, Farnkräutern und Nesseln fast lautlos dahin. Er bestimmt die Feuchtigkeit der Luft, den Pflanzenwuchs, das Haar- und Federwild, was sich dort aufhält, durchwechselt, ausruht, sich paart, nistet, brütet, setzt, die Stille, die klirrenden Libellenflügel, die sirrenden Schnaken, die bunt aus der Waldstreu leuchtenden Pilze, kurz die ganze Landschaft.«

Vor nicht allzu langer Zeit durfte ich in diesem jagdlichen Kleinod zur Blattzeit mein Glück auf den roten Bock versuchen. Welch eine Glückseligkeit! Eigenartig vertraut schien mir das Bächleinstück, das ich schon in meinen Jungjägertagen durch die Schilderungen des großen Erzählers zu kennen glaubte. Seit ewigen Zeiten und auch heute noch fließt das Bächlein dort still dahin und erfüllt einen für viele Menschen nicht erkennbaren, doch so wichtigen Auftrag zum Wohl aller Kreaturen, von der Schnake bis hin zum Rehbock und auch der Sau, die nach größeren Regenfällen im aufgeweichten Boden des Uferbereichs nach geeigneten Stellen zum Suhlen sucht.

Es hat etwas Meditatives, dort, zwischen den knorrigen Wurzelausläufern einer alten Fichte sitzend und an deren Stamm gelehnt, die kleine Wunderwelt um das Bächlein auf sich wirken zu lassen. Unweigerlich ist man versucht, wieder an gute Naturgeister zu glauben – seien es Elfen, die da schützend Patrouille fliegen, oder rotbemützte Zwerge, die unermüdlich das komplizierte Räderwerk der Natur warten und am Laufen halten. Verwunschen, wie Cramer-Klett dieses wertvolle Biotop beschrieben hat, scheint es auch heute noch.

Ich schätze mich glücklich, dass sich auch durch mein leicht hügeliges, von Gräben durchzogenes Waldrevier solche kleinen Bächlein schlängeln. Der achtlos vorbeigehende Wanderer wird ihrer – besonders in trockenen

Sommern – kaum gewahr, denn sie plätschern nicht, sie gluckern nicht. Auch das Platschen nach Eintagsfliegen steigender Forellen lässt erst einige Kilometer weiter bachabwärts das Herz des Anglers höherschlagen. Hier im schattigen, von bürstendichten Dickungen, die nur der Schwammerlsucher zu durchdringen gewillt ist, unterbrochenen Hochwald, in einem Meer von Farnen, sind diese kleinen, stillen Wasser in ihrem schmalen oft bis zu einem Meter tiefen Bett kaum zu erkennen.

Hin und wieder stattet ein seltener Gast meinem Bächleinstück einen Besuch ab: der Schwarzstorch. Für mich ein Beweis dafür, dass sich hier auf wenigen Hektar Staatsforst trotz intensiver Bewirtschaftung noch lebenswerte Refugien für seltene Arten erhalten können. Wo sich diese Rinnsale schließlich zusammenfinden, um sich dann als munter dahinfließender Bach durch das Auwäldchen ihren Weg hinaus auf die Wiese zu suchen, habe ich aber nie ergründet. Draußen im Grünland erstrahlt im Frühjahr das Ufer des Baches im leuchtenden Gelb der Schlüsselblumen, und im tiefen Winter, wenn das Wasser gefroren ist – es muss dann aber schon verdammt kalt sein – findet man auf dem von Neuschnee überhauchten Eis die perlschnurartige Schürspur des Fuchses, der sich im Schutze des tiefen Bachbettes und für den Jäger unsichtbar, bis hinaus an den Dorfrand wagt.

Es hat lange gedauert, bis ich dahinterkam, wie Reineke es anstellt, dass er sich von mir unbehelligt davonstehlen kann. Ist es Instinkt, ist es gewonnene Erfahrung, was den Fuchs zu solchen Tricks befähigt? Ist es vielleicht doch ein kleiner Waldgeist, der ihm den Weg weist, oder ist es die den Bach bewachende Elfe, die dem Herrn von Malepartus gestattet, diesen geheimen, sicheren Pass zu nehmen?

Vor einigen Wochen rückten schwere Baumaschinen, Raupen und Bagger in das Herz meines Reviers vor, um, wie ich anderntags aus der Zeitung erfuhr, nach Wasser zu bohren. Die Versorgung der Bewohner des nahen Ortes mit Wasser ist für die Zukunft nicht gesichert, so musste ein neuer Tiefbrunnen gefunden werden.

Dass Wasser aus meinem Revier, wo ich jeden Baum zu kennen glaube, von einer ganz besonderen Qualität sein muss, war mir klar. Ich hoffte, dass der Bohrtrupp bald fündig und im Wald wieder Ruhe einkehren würde. Tagelang fraß sich der Bohrkopf durch Gestein und Lehmschichten – Fehlanzeige. Bei zweihundert Meter Tiefe gab man auf. Schade. Gern hätte

Wo sich der scheue Schwarzstorch wohlfühlt, ist die Waldwelt noch in Ordnung.

ich nach jedem Ansitz einen Kanister von diesem kostbaren Nass mit nach Hause genommen. Schon bald wird an einer anderen Stelle ein neuer Bohrversuch unternommen werden, nicht ohne jedoch vorher einen Wünschelrutengänger konsultiert zu haben.

In meinem Revier kein Wasser zu finden? Wie kann das sein? Ist es ein verwunschener Ort oder haben auch hier wieder die Elfe, ein kleiner grüner Schutzengel oder der kleine Waldwichtel die Hände im Spiel, um zu verhindern, dass die kleinen Bächlein versiegen?

»Ein wenig Aberglaube«, so Friedrich von Gagern, »sei uns Jägern zugestanden. Schon aus dem urgrauen Alter der Jagd und des Jagdtriebes und aus der Naturnähe des Jägers und seinem heimlichen Verkehr mit den Geistern der Berge schreibt sich das Hauptgut unseres Aberglaubens her.«

Und er bemitleidet die Nachkommenden: »Ganz moderne raumfressend motorisierte und mit optischen Hilfsmitteln vervollkommnete Jäger – ich möchte sie beinahe nicht mehr so nennen – und eiskalte Schüler einer mathematisierten, entgeistigten, gemütlosen Jagdwissenschaft mögen sich des Zaubers, des nachhängenden Gespinstes aus Ahnväterzeit entschlagen haben (Anm. d. Verfassers: sich innerlich von etwas freigemacht haben); sie sind zu bedauern ...«

WIE MAN EINER NICHTJÄGERIN DIE BLATTZEIT ERKLÄRT

WOHL JEDER REVIERPÄCHTER kann ein Lied davon singen, sofern seine nur der Polizeistation bekannte Mobilfunknummer im Lauf der Jahre in der Umgebung seines Revieres durchgesickert ist. Zu jeder Tages- und Nachtzeit muss er damit rechnen, von mittelungsfreudigen Leuten angerufen zu werden, dass irgendwo ein Hut, eine Hundeleine oder sonst irgendwas im Revier gefunden wurde, dass Jugendliche mitten im Wald bei lauter Musik in großen Mengen Alkohol konsumieren oder dass einer den Ölwechsel seines Autos am Wanderparkplatz durchführt. Alles schon vorgekommen. Manche Anrufe erfolgen anonym, lassen beim Anrufenden an einen Denunzianten denken, sind aber immer gut gemeint.

Unlängst erreichte mich der Anruf einer Spaziergängerin. Sie klang sehr aufgeregt und bat mich, ich möge doch schnell in den Wald kommen, dort läge ein Rehbock, der krank sei und nicht mehr weiterkäme. Sie sei sehr tierlieb und könne das Leid dieser armen Kreatur nicht mehr mitansehen. Ihren Tierarzt, zu dem sie immer ginge, wenn was mit ihrem Mops sei, wäre nicht ans Telefon gegangen. Ah, ihr Mops! Jetzt wusste ich auch, wer sie war, denn ich hatte sie und ihren plattnasigen, ringelschwänzigen vierbeinigen Begleiter, dessen Anblick mich immer an den unvergessenen Mopsliebhaber Loriot erinnert, des Öfteren in meinem Revier gesehen.

Was tut man nicht alles als Revierpächter. Ich fuhr an jenem 4. August los, um nach dem Rechten zu sehen, wohl vermutend oder genauer gesagt wissend, dass es sich bei dem vermeintlich Sterbenskranken nur um einen vom Brunfttreiben erschöpften Bock handeln kann. Genau so war's.

Im schattigen Hochwald, nahe beim Bach, so wie die Dame mit dem Mops den Platz beschrieben hatte, lag der vermeintlich Sterbenskranke. Mit heftigen Bewegungen seiner Lauscher und Schütteln seines Hauptes wehrte er sich gegen die Mücken, die ihn in der schwülen, dampfigen Luft offenbar heftig attackierten. Als er Wind von mir bekam, wurde er hoch, schüttelte sich wie ein nasser Hund, sprang aber nicht ab, sondern begann sofort, seine

Angebetete erneut zu treiben, die wie aus dem Nichts plötzlich aufgetaucht war. Meine Verdachtsdiagnose hatte sich bestätigt und ich fuhr wieder nach Hause, nicht ohne vorher der tierlieben Dame telefonisch für ihre Sorge um das Wild zu danken und Entwarnung zu geben.

»Oh mei, was hat ihm denn gefehlt?«, wollte sie wissen. Typisch Frau! Bei solchen Fragen von Nichtfamilienangehörigen den Gesundheitszustand eines Patienten betreffend, meldet sich bei mir im Unterbewussten immer noch sofort die einst feierlich gelobte ärztliche Schweigepflicht. In diesem Falle aber war meine Sorge unbegründet. Ich nannte der Dame zwar keine Diagnose, wenngleich es in der Humanmedizin tatsächlich dafür eine lateinische Bezeichnung oder Umschreibung gibt. Ich glaubte, mit der Anamnese, der Beschreibung der Vorgeschichte, ihre Neugierde zu befriedigen und ich erklärte ihr, dass ja jetzt Blattzeit sei, in der Hoffnung, damit alles plausibel erklärt zu haben. Weit gefehlt.

Die telefonische Verbindung war wohl nicht die beste, es kann aber auch sein, dass die Dame von Haus aus etwas schwerhörig war. Wie sonst wäre sie darauf gekommen, ihrer Vermutung Ausdruck zu verleihen, dass der Bock vielleicht aufgebläht gewesen war und sein Bauch wahrscheinlich zu platzen gedroht hatte. »Nein, nicht Platzzeit, sondern Blattzeit! Blattzeit! Nicht P wie Peter, B wie Berta!«, stellte ich richtig und erklärte weiter, dass sich der Bock lediglich beim Bemühen um Nachwuchs übernommen hätte.

»Mein Gott, Sorgen hat er? Der arme Kerl! Sie wer'n ihn doch net derschossen haben?«

Schon wollte sie meine Hilfe ablehnen und es doch noch einmal beim Tierarzt versuchen, der sich immer so rührend mit ihrem Mops befasste. Ich holte tief Luft, blieb ganz ruhig und versuchte erneut, ihr klarzumachen, was ich mit »Bemühen um Nachwuchs« gemeint hatte. Peinlichst vermied ich, mit vulgärem Vokabular deutlicher zu werden, und erklärte ihr, dass der Bock zurzeit bis über den Kopf in seine Geiß verliebt sei, sie mehrfach beschlagen habe und nun erschöpf sei.

»Mein Gott g'schlag'n hat er sie?«

»Nein! Nicht *ge*schlagen, sondern *be*schlagen. Nicht G wie Gustav – B wie Berta!« schrie ich ins Telefon, nahm mir nun kein Blatt mehr vor den Mund und erklärte ihr die Sachlage ganz ungeschminkt, ohne jede Rücksicht einer Dame gegenüber.

»Das war ein geiler Bock, der mit seiner Geiß Liebe gemacht und sich nun eifach ausgeruht hat!«

Diese Erklärung hatte sie akustisch verstanden und sie leuchtete ihr ein. Ihre Reaktion auf diese glückliche Wendung im Fall des vermeintlich todkranken Bockes verblüffte mich dennoch: »Ja, ja, so sind die Männer. Erst sind's ganz wild, kriegen nicht genug und dann kommen's vom Kanapee nimmer runter, weil's platt sind!«

Ich ließ sie in dem Glauben, dass man die Paarungszeit beim Rehwild deshalb Blattzeit nennt.

Niedergetan schöpft der ermattete Rehbock neue Kraft für den Liebesreigen.

STIMMUNGSAUFHELLER

> »*Tiere vermögen mit ihrem Laut, ihrer Stimme unsere Stimmung zu beeinflussen.*«

DIE STIMMUNG ODER ATMOSPHÄRE in Wartezimmern, egal ob beim Arzt, vor dem Zimmer des Sachbearbeiters einer Behörde oder auch beim Tierarzt ist meist alles andere als gelöst und heiter. Man ist angespannt, ungeduldig und auch ein wenig in Sorge, was jetzt gleich auf einen zukommen wird. Eine schmerzhafte Spritze? Die Ablehnung des Bau- oder Rentenantrags oder eine niederschmetternde Diagnose? Man ist so sehr mit sich selbst beschäftig, dass man überhaupt nicht das Bedürfnis hat, sich mit anderen Wartenden auszutauschen, geschweige denn sich zu outen, warum man da ist. Um sich ablenken zu können, blättert man in einer alten, abgegriffenen Illustrierten, blickt vielleicht verstohlen mal nach links und rechts, mustert die Mitwartenden, vermeidet möglichst Augenkontakt und bald beginnt man zu mutmaßen, was der oder die andere für ein Problem haben könnte. Ansonsten herrscht absolute, oftmals bedrückende Stille, die vielleicht von einem verlegenen Räuspern unterbrochen wird. Die Luft ist schlecht.

Im Wartezimmer der Tierklinik, in die wir unser junges Kätzchen bringen mussten, war die Luft, von einem Tierkrankenhaus nicht unbedingt zu erwarten, nicht schlecht. Die Stimmung aber unterschied sich kaum von der wie oben beschriebenen. Ich blätterte gelangweilt in einem ausgelegten Katalog für Hundefutter und Nahrungsergänzungsmittel und hatte dennoch Augen für einen abgelegten Terrier, dessen Herrchen ihn, ohne auch nur einmal kurz aufzuschauen, etwas sorgenvoll ständig hinter den Behängen kraulte. Dieser Gemütszustand schien sich auch auf den Hund übertragen zu haben: Er würdigte die Katzen, die in Transportboxen um ihn herumstanden, keines Blickes. Ein Verhalten, wie man es von einem Hund dieser Rasse nie erwarten würde.

»Dummes Huhn« ist ein häufig benutztes Schimpfwort.
Dabei kann das Tier weit mehr als nur Eier legen.

Auch unter den drei Katzenhalterinnen gab es in dieser Stunde des Wartens keinerlei Kommunikation. Ein Verhalten, wie es auch für Katzenbesitzer eher untypisch ist. Meine besondere Aufmerksamkeit erregte eine ältere, kleine Frau mit zwei großen Umzugskartons, deren Inhalt offensichtlich einer ganz besonderen Fürsorge bedurfte, zu ihren Füßen. Immer wieder legte sie zärtlich und, wie es schien, beschwichtigend sowie prüfend ihre Hand auf eine der großen Faltschachteln, die normalerweise für den Transport von in Seidenpapier gewickelten Gläsern und Porzellan gedacht ist. Als Kinder hatten wir gefangene Maikäfer für den Transport in die Schule immer in einen Schuhkarton gegeben und ihnen zu ihrem Wohlergehen einige Salatblätter beigefügt, ohne je zu vergessen, mit dem Bleistift einige Löcher in den Kartondeckel zu bohren, aus Sorge, die kostbare Fracht könnte ersticken.

An den beiden Umzugskartons konnte ich keine Manipulationen entdecken, die einer besseren Sauerstoffversorgung hätten dienen können. Aber es mussten sich Tiere darin befinden, denn bei genauem Hinhören glaubte ich, leise Kratzgeräusche aus einem Karton zu vernehmen. Vielleicht war es ein Igel, eingepackt in einem voluminösen Bett aus Holzwolle? Und im zweiten Karton noch ein Igel? Fragen wollte ich die Frau nicht, denn sie war, wie die anderen Tierhalter auch, voll auf ihren, tierärztliche Hilfe benötigten Schützling konzentriert.

Nie habe ich innerhalb weniger Sekunden so schnell die Lösung eines Rätsels, das mich minutenlang beschäftigt hatte, präsentiert bekommen und selten habe ich erlebt, wie innerhalb eines Augenblickes die Stimmung umschlägt, wie betrübte, besorgte Menschen plötzlich strahlen, schmunzeln und lauthals lachen, für kurze Zeit ihre Sorgen vergessen, wie in diesem Wartezimmer bei einem Tierarzt, der mit seinem Wissen offensichtlich ein weites Spektrum der Veterinärmedizin abdeckte. Aus einem der beiden Kartons erscholl plötzlich das laute Krähen eines Hahns und aus dem anderen Behältnis ertönte quasi folgsam das Gackern mehrerer Hühner, das mit dem freudigen Gebell des plötzlich aufgeweckten Terriers und dem Miauen einer Katze die Geräuschkulisse für die Bremer Stadtmusikanten hätte bilden können, hätte sich da aus dem Aufwachraum des OPs noch ein Esel eingeklinkt.

Der Hühnerhalterin war der durch ihre Schützlinge verursachte Aufruhr anfangs ein wenig peinlich, aber schnell spürte sie, dass sie mit ihrem Federvieh Freude und Heiterkeit auslöste. Für »Betti«, »Resi«, »Fanny« und den Hahn »Seppi«, so hießen sie, hatte sie heute, nachdem vor wenigen Tagen das vierte Huhn »Zensi« eingegangen war, einen Untersuchungstermin vereinbart: »Nur nachschau'n soll der Doktor, dass eana nix feit!«

Diese Begegnung hat mich sehr beeindruckt und in mir die Erkenntnis geweckt, dass man aus Liebe zu den Hühnern auf Eier nicht verzichten muss. Wahre Tierliebe sieht anders aus. Verzichten könnte man auf pharmazeutische Stimmungsaufheller. Es reicht das Krähen eines Hahns.

WASSERMUSIK

JAGEN IST AUCH LAUSCHEN. Scheinbar unbedeutende Geräusche in der Natur können Zeichen sein, die uns glücklich machen.

Die große Bedeutung des Wassers für unser Wohlergehen wird einem besonders dann bewusst, wenn es wie in diesem Sommer an manchen Orten zur Mangelware geworden ist. Man ist plötzlich ein wenig sensibler, lernt das kühle Nass mehr zu schätzen, und solange der Wasserhahn noch läuft, der Pool gefüllt und die Autowaschanlage noch arbeitet, ist man zufrieden. Als Jäger, Fischer und Maler habe ich zum Wasser in all seinen Erscheinungsformen ein ganz besonderes Verhältnis. Der Wildbach, der Teich, der Wiesenbach, der Fluss, der See, das Meer sind die Heimstatt für eine Vielzahl frei lebender Kreaturen, die wir nachhaltig, art- und tierschutzgerecht erbeuten dürfen.

Der Künstler lässt sich inspirieren von den Spiegelungen des Ufers und des Himmels im klaren Wasser, er wird bewegt von der farbenreichen, von Flüssen und Bächen durchzogenen Landschaft und er erkennt in der Natur das Wunderwerk des Schöpfers, in dem alles lebt und alles eine Seele hat. Der Komponist versteht es sogar, die Bewegung des Wassers in Tönen festzuhalten. Bedřich Smetana (1824–1884) hat es mit seiner sinfonischen Dichtung »Die Moldau« verstanden, lautmalerisch den Lauf des Flusses von den beiden Quellen bis hin zur Mündung in die Elbe darzustellen. Ihm gelingt es, den Zuhörer mit dem gezielten Einsatz von Flöten, Harfe, Streichinstrumenten und Becken das Tropfen, das Murmeln, das fließende, gurgelnde, aufgewühlte und schließlich sanft wogende Wasser nachempfinden zu lassen. Oft habe ich Smetanas Moldau gehört, genauer gesagt, mich hineingehört, und immer wieder kommt sie mir beim Jagen, Fischen oder beim Malen draußen in Erinnerung. Ich spüre, dass ich für bestimmte, vom Wasser hervorgebrachte Geräusche im Lauf der Jahre eine größere Sensibilität entwickelt habe. Da ist das kaum vernehmbare leise Gluckern eines unter den vom Moos bedeckten Steinen hervorquellenden Rinnsals. Noch zu wenig, um daraus schon schöpfen zu können, aber keine hundert Meter weiter un-

Das Rauschen des Wildbachs kann die Seele beruhigen, wenn man es denn zulässt …

ten ist es zu einem, farbige Kieselsteine umspülenden, sprudelnden Quell geworden, dessen über nur einige Zentimeter hohe Stufen fallendes, kostbares Nass sich mit der hohlen Hand auffangen lässt. Welch große Freude und Erleichterung kann das erst noch zaghafte Klopfen und schließlich zu einem wahren Trommelwirbel anschwellende Geräusch auslösen, wie es zu vernehmen ist, wenn nach längerer Trockenperiode die ersten dicken Regentropfen auf das Blechdach der Jagdhütte prasseln.

Geradezu elektrisiert fühle ich mich und die Spannung steigt, wenn die Abendstille am träge dahinfließenden Wiesenbach vom Platschen einer nach der Fliege steigenden Forelle unterbrochen wird; gespannt warte ich im letzten Licht am Teich auf das typische kurze Aufrauschen des Wassers, wenn die ersten Enten einfallen und damit den Beginn des Abendstrichs einläuten. Alle diese von der Natur hervorgebrachten Geräusche fügen sich zu einem Akkord zusammen, zu einer Musik, der von vielen Menschen oft gar keine Beachtung geschenkt wird. Wie arm ist es, wenn man sich heute, um Entspannung zu finden, zur Meditation das Meeresrauschen, Waldgeräusche oder Bachgemurmel auf Tonträgern ins Haus holt.

Ich war einmal mit dem alten Jäger Wolfgang noch in stockdunkler Nacht aufgebrochen, um droben auf der Alm die Balz der kleinen Hahnen zu erleben. Die Mauerreste eines seit Jahren zusammengefallen Kasers sollten uns dort Deckung geben. Wir erreichten wohl die Alm, aber dichtester Nebel nahm uns die Sicht. Es begann schon zu tagen, und wir merkten sehr schnell, dass wir uns auf dem weiträumigen Höhenzug verlaufen hatten. Völlig orientierungslos irrten wir umher, große Enttäuschung machte sich breit, und schließlich ließen wir uns, kaum die Hand vor den Augen erkennend, erschöpft und entmutigt auf einem Stein nieder.

Eine bedrückende Stille nahm uns gefangen, doch plötzlich schien sich der Wind zu drehen, der zwar nicht die Kraft hatte, den Nebel zu vertreiben, uns aber ein Geräusch zutrug, das leise, immer wieder kurz unterbrochene Plätschern von Wasser. »Der Brunnen, der Brunnen vom Kaser!«, freute sich der alte Jäger, sprang auf und zielstrebig, immer wieder innehaltend und lauschend, führte er mich ans Ziel.

Brunnen sind heilig. Elfen und gute Waldgeister sollen sie angeblich beschützen. Sehr nachdenklich wurde ich in diesem Moment. Vom Kaser war nur ein kleiner Mauerrest übrig geblieben, doch der von Brennnesseln umwucherte Brunnentrog nahm das aus einem verrosteten Eisenrohr noch spärlich rinnende Wasser auf. Es war nur ein leichtes Plätschern, das Smetana bestimmt in Musik umzusetzen verstanden hätte. Ich glaube, es könnte aber auch eine uns wohlgesonnene Elfe gewesen sein, die für uns dort auf der Alm aufgespielt und uns den Weg gewiesen hat.

SYMPTOM BORKENKÄFER

» *Der Borkenkäfer lässt die Menschen seit jeher bangen. Eine jährliche Wallfahrt erinnert an eine Plage vor 500 Jahren.* «

ZEUGNISSE, WIE STARK DER CHRISTLICHE GLAUBE und die Volksfrömmigkeit auf dem Land früher das tägliche Leben der hart arbeitenden Menschen gestaltet und begleitet haben, lassen sich auch heute noch finden. Wegkreuze, Marterl, Bildstöcke und Votivtafeln sind nicht nur Ausdruck der Verehrung der Gottesmutter oder irgendeinem Schutzpatron gewidmet, sie sind auch glaubhafte Zeichen des Dankes für wundersame Errettung. In tiefster Not oder Verzweiflung war fester Glaube eine starke Kraft, die den Menschen half, sich wiederaufzurichten und auch Selbstheilungskräfte zu mobilisieren.

Nicht selten ließ man es nicht nur beim Gebet, sondern bot, um es ganz profan auszudrücken, in ausweglosen Situationen der überirdischen Macht, der Muttergottes, einen Handel an und legte ein Gelübde ab. Man machte ein Versprechen, man gelobte etwas. Bei den Oberammergauer Passionsspielen, die alle zehn Jahre das Leiden, Sterben und die Auferstehung Christi auf die Bühne bringen, handelt es sich um so ein eingelöstes Versprechen, als die Pest im Jahr 1633 wütete.

Von der großen Öffentlichkeit weniger wahrgenommen wird die Einlösung eines Gelübdes, die Holzkirchner Kerzenwallfahrt, nur wenige Kilometer von meinem Revier entfernt. Jedes Jahr am Pfingstsamstag, früh um fünf Uhr marschieren sie los. Kräftige, muskelstarke junge Männer machen sich auf den fünfundsiebzig Kilometer langen Weg von Holzkirchen in Niederbayern über die Donau, vorbei am Benediktinerkloster Niederalteich bis hinauf zur Wallfahrtskirche Bogenberg.

Die zentnerschwere Last, die sie abwechselnd tragen, ist ein gerade gewachsener, langer, mit rotem Wachs umwickelter und so zu einer großen Kerze geformter Fichtenstamm. Das Gelübde, jedes Jahr auf diese Weise der Gottesmutter auf dem Bogenberg ein Kerzenopfer zu bringen, war im Jahr 1471 aus tiefster Not geboren. Der hier die Wälder um Holzkirchen zerstörende und den Bauern die Existenzgrundlage raubende Borkenkäfer ließ die tiefgläubigen Menschen auf die Hilfe der Gottesmutter hoffen. Wenn auf die Fürbitte der Käfer abstürbe und nicht mehr die Wälder zerstöre, so das Gelübde, werde jedes Jahr ein gerade gewachsener Fichtenstamm mit rotem Wachs umwickelt und in einer Dankwallfahrt der Muttergottes auf dem Bogenberg geopfert. Die verzweifelten Holzkirchner wurden erhört, die Borkenkäferplage verschwand.

Mit der nun deutlich zu spürenden Klimaerwärmung und den letzten heißen und trockenen Sommern findet der kleine Käfer in unseren Wäldern ideale Lebensbedingungen. Auch in meinem Revier sind fast täglich Forstarbeiter im Einsatz, um von dem Schädling befallene Bäume möglichst schnell abzuholzen und aus dem Wald zu bringen. Kleine Kahlschläge und breite, tief gefurchte, von Holzerntemaschinen geschlagene Schneisen haben das Bild meines Waldreviers, meiner Jagdlandschaft bereits verändert.

Für mich als Jäger auf den ersten Blick nicht schlecht. Durch das einfallende Licht begrünen sich diese Käferlöcher schnell und die Rehe lieben das. Kaum komme ich mit dem Bau neuer kleiner Ansitzleitern nach, um all diese Lichtpunkte jagdlich nutzen zu können. Einen schwachen Jährlingsbock habe ich bisher dem Borkenkäfer zu »verdanken«. Etwas irritiert ob der neuen Verhältnisse, so schien es mir jedenfalls, stand er auf der kleinen Blöße und bot ein leichtes Ziel. Dennoch bin auch mittlerweile verunsichert, wie das mit dem Käfer weitergehen soll. In die Wälder um Holzkirchen ist er nun auch wieder zurückgekehrt, obwohl die Holzkirchner kein Jahr auslassen, um das Gelübde ihrer Vorfahren zu erfüllen.

Wir Menschen vermuten leichtfertig, dass die Natur mit dem Borkenkäfer einen Fehler macht, dass sie vielleicht krankt. Aber irgendein Sinn muss dahinterstecken. Die Natur sei unerbittlich und unverständlich, so Galileo Galilei, es sei ihr gleichgültig, ob die verborgenen Gründe und Arten ihres Handelns dem Menschen verständlich sind oder nicht. In der Medizin kommt man nicht weiter, wenn man nur die Symptome behandelt, die Teil einer Krankheit sind. Es gilt eine genaue Diagnose zu stellen und dann das Übel an der Wurzel zu packen. Ich denke, dass das Symptom Borkenkäfer, den es ja immer schon gab, deshalb zunimmt, weil sich die Grunderkrankung verschlimmert.

Ein Gelübde, wie es damals die Holzkirchner abgelegt haben, muss es gar nicht sein. Aber sich gelegentlich alleine auf einen Pilgerweg begeben, dabei die Natur in ihrer Großartigkeit erkennen und spüren, dass es eine höhere Macht geben muss, die alles so wunderbar geschaffen hat, lassen einen den Glauben nicht verlieren, dass sich alles zum Guten wendet. Die Schöpfung ist eben ein Prozess des ständigen Wandels.

Der Borkenkäfer hat „ganze Arbeit" geleistet. Nun interessiert der tote Baum den Buntspecht.

TROPHÄEN – KULTURGUT UND STAUBFÄNGER

DIE BEZEICHNUNG »TROPHÄE«, egal ob für ein Hirschgeweih, für Rehbockgehörne, Gamskrucken, Keilerwaffen oder die kleine Malerfeder einer Schnepfe, wird dem Wert dieser von uns so begehrten Objekte nicht gerecht. Eigentlich mag ich die Bezeichnung »Trophäe« nicht so gern. Sie kommt aus dem Altgriechischen (Tropaion) und bedeutet so viel wie Siegeszeichen. So stünde die Trophäe, wenn wir uns auf die Herkunft dieses Begriffes beziehen, für ein Objekt des Triumphes über den Feind.

Ich glaube kaum, dass es einen Jäger gibt, und ist er auch noch so stolz auf seine Beute, der sich als Sieger feiern lässt. Nach erfolgreicher, beglückender Jagd von einem Sieg zu sprechen, geht gar nicht. Der Pirschgang, auch wenn er nicht im grünen Loden, sondern im gefleckten Tarnanzug erfolgt und gelegentlich an einen militärischen Einsatz erinnert, ist kein Feldzug und das bejagte Tier ist uns nie und nimmer feindlich gesinnt. Bei der Planung einer Bewegungsjagd, wie hin und wieder zu hören, salopp vom Halten eines Kriegsrates zu sprechen, entwürdigt waidgerechtes Jagen.

Mag sein, dass manche Zeitgenossen in frei lebenden Kreaturen, wenn sie zu Schaden gehen, einen Feind sehen, den sie glauben, bekämpfen zu müssen – dann aber hat das mit Jagd, wie wir sie verstehen, nichts mehr zu tun. Solche »Jäger« werden dem erlegten Bock, dem »Tannenfresser«, nicht nur den letzten Bissen verweigern. Sie werden sich auch nicht die Mühe machen, das Gehörn eines Jährlings abzukochen. Ihre Trophäe ist das von Einträgen überquellende Schussbuch. Wohl gibt es Situationen, in denen wir getrost von einem Sieg sprechen dürfen. Das ist der Sieg über uns selbst, wenn wir im Rahmen einer tierschutzgerechten Jagd unsere Gier beherrschen, Verzicht üben und den Finger am Abzug gerade lassen.

Die Bezeichnung »Mitbringsel« für ein von der Jagdreise nach Hause gebrachtes Geweih oder Gehörn dürfte wohl nur einem kontrollierenden Zollbeamten an der Grenze über die Lippen kommen, nie aber einem passionierten Jäger. Die aus dem Französischen kommende Bezeichnung

»Souvenir« gefällt mir da schon besser und klingt auch schöner. Aber noch genauer trifft die deutsche Übersetzung das Wesen eines abgekochten und gebleichten Geweihs oder Gehörns, nämlich: Erinnerungsstück. Und nur die von den abgekochten, präparierten »Knochen« an der Wand ausgehende Erinnerung, die für das ganze Jägerleben eine besondere Form der immer wieder erneuten Begegnung mit dem Jagdgeschehen ermöglicht, wiegt die körperlichen Strapazen, eventuelle Entbehrungen und nicht zuletzt den dafür hingeblätterten, nicht selten hohen Geldbetrag auf.

Ein Außenstehender wird den großen ideellen Wert von derartigen Erinnerungsstücken niemals ermessen können. Er mag sich an der Schönheit eines Hirschgeweihs, dessen Endenreichtum, Färbung und Perlung erfreuen, in dem Objekt bestenfalls einen wunderbare Dekorationsgegenstand für seine Wohnung erkennen und vielleicht gern auch ein paar Euro dafür ausgeben. Der wahre Wert, wie ihn der Erleger dieses Hirsches schätzt, bleibt ihm verborgen.

Als Trophäenjagd bezeichnen wir eine Jagd, deren Ziel die Erbeutung einer Trophäe ist, die nach Möglichkeit besondere Ausmaße aufweist. Wer freut sich nicht über kapitale Geweihe und Gehörne? So betrachtet ist Trophäenjagd nichts Verwerfliches, wenn nicht nur die Trophäe selbst sondern auch die Erinnerung an die Umstände der Erlegung, das Erlebte und Geschaute in uns wieder wunderbare Gefühle wecken. Dieses wohlige Erinnerungsgefühl vermag nicht nur eine kapitale Trophäe heraufzubeschwören – auch der mickrigste Knopfbock, das Dreierhirscherl und der Gamsjahrling, noch dazu wenn sie die erste Beute in unserem Jägerleben darstellen, haben diese Kraft.

Mehrere Jahrzehnte, ja nicht selten sogar mehr als hundert Jahre mögen auf schlichten Brettchen montierte Rehbockgehörne die Wände in alten Dorfwirtshäusern zieren. Die in dem von vielen Stammtischbrüdern genüsslich gegen die Decke geblasenen Rauch enthaltenen krebserregenden Stoffe konnten ihnen im Lauf der Jahre nichts anhaben, jedoch ihre ursprüngliche, von Pflanzensäften und Rinden oft in wunderschönen Brauntönen gefärbten, geperlten Stangen und die einst bleichen Schädeldecken sind durch den Tabakrauch und durch fettige Dämpfe aus der nahen Küche ihrer ursprünglichen Schönheit beraubt. Ähnlich der Schwarte eines geräucherten Schinkens sind sie von Ruß schmutzig, klebrig überzogen und lassen die einst mit viel

Stolz und Liebe auf der Schädeldecke kalligrafisch festgehaltenen Initialen des Erlegers und das Erlegungsdatum kaum noch erkennen. So fristen die kleinen, einst so begehrten Trophäen zwischen Abreißkalendern, Bierwerbung, Veranstaltungshinweisen und vielleicht einem ebenso in die Jahre gekommenen »geräucherten«, ausgestopften Fasan, kaum beachtet, ihr Dasein. Alle paar Jahre vielleicht, wenn der Maler kommt, um dem verräucherten Gastraum einen neuen Anstrich zu verleihen, werden sie abgenommen und mit dem Staubwedel achtlos bearbeitet und von Spinnweben befreit, bevor sie wieder an ihren alten Platz zurückkehren dürfen.

Es muss nicht immer ein starkes Gehörn sein.
Am Ende zählt das Erlebnis.

Oft denke ich mir, welche Geschichten sie als Zeugen unzähliger Stammtische wohl erzählen könnten, aber auch welche Geschichte sie selbst haben. Wer mag wann und wo diese Böcke erbeutet haben? Der Groß- oder der Urgroßvaters des schon alten Wirts? Wurden die Gehörne im Laufe der Jahre, eines nach dem anderen, nach feuchtfröhlichem, mit Jägerliedern untermaltem Tottrinken und einem dreifachen Horrido diesem Ehrenplatz zugesellt? Gibt es in diesem Dorf noch Zeitzeugen, die sich vielleicht an einstige rehselige Zeiten erinnern können, wo hier ein Reh noch etwas galt, als belebendes Element der heimatlichen Flur geliebt und nicht als Schädling betrachtet wurde?

Die alten, schon ein wenig unansehnlichen Gehörne über den Stammtischen können keine Erinnerungen mehr heraufbeschwören, da ihre Erleger längst in den ewigen Jagdgründen weilen. Sie sind zu reinen Dekorationsartikeln verkommen und vermögen den wenigen Gästen aus den Städten bestenfalls ein rustikales Ambiente und vielleicht auch ein Gefühl von heiler Welt zu vermitteln. Mit dem Rauchverbot in Gaststätten sterben manche Stammtische und mit ihnen die kleinen Dorfwirtshäuser. Den Gehörnen täte der rauchfreie Raum gut, aber nach ihnen wird trotzdem bald kein Hahn mehr krähen.

Bedenken wir, wie viele »Trophäen«, einst begehrt, geachtet, sorgsam bewahrt und stolz im Treppenhaus oder im Jägerstübchen zur Schau gestellt, schließlich zwischen alten Töpfen, Klamotten und rostigem Werkzeug auf Flohmärkten landen, dann wird uns bewusst, dass der wahre Wert dieser Erinnerungsstücke mit dem Tod des Erlegers verloren gegangen ist.

Trophäensammlungen alleine sind kein Garant für die Erhaltung unseres jagdkulturellen Erbes. Eugen Wyler sagt: »Nicht Trophäen, nicht Ertrag und Nutzen sichern den Bestand des jägerischen Kulturgutes, sondern einzig und allein die innere Verfassung der Jägerschaft, ihr Freiheitssinn und ihr für das Humane schlagende Herz.«

DER GUTE HIRTE

»*Der gute Hirte – oft nur eine Metapher.
Aber nicht nur sinnbildlich gibt es sie noch,
die achtsamen Beschützer.*«

GERADE MAL VIERZEHN JAHRE ALT ist Otto, der Sohn vom Huisenbauer, als der Vater ihm, dem landwirtschaftlichen Lehrling, die Verantwortung für die sechszehn Milchkühe auf der Alm überträgt. Sechs Bergsommer werden aus dem anfangs ganz allein auf sich gestellten Schulbub einen firmen Senner machen, dessen Liebe und Fürsorge für das Vieh und dessen tiefes Eingebundensein in die Natur sein Leben in ganz besonderer Weise prägen werden. Alles was er dort droben zum Essen und Leben braucht, muss er einmal in der Woche mühsam auf einer Kraxe mehrere Stunden nach oben tragen.

Schon um drei Uhr in der Früh heißt es für den noch heranwachsenden »Bua« aufstehen, um händisch nacheinander die Kühe zu melken und die gewonnene Milch zu Butter und Käse zu verarbeiten. Wenn das Vieh unter dem vielstimmigen Gebimmel der um seinen Hals baumelnden Glocken wieder draußen auf den saftigen Wiesen des steilen Geländes grast, hört man den Otto im Kaser mit dem Milchgeschirr klappern und hantieren und vielleicht auch, wie er Gedanken, gern auch Flüche, mal leise, mal lauter vor sich hinmurmelt. Es ist ja niemand da, mit dem er sich unterhalten könnte.

Nachmittags gegen drei Uhr hat er, der angehende Jungjäger, ein wenig Zeit auszurasten, mit dem Gucker in den Lücken der Latschenfelder nach Gams- und Rotwild Ausschau zu halten und dem hoch im Firmament auftauchenden, seine Kreise ziehenden Adler zu folgen. Und schon fängt alles wieder von vorn an. Melken, Buttern, Käsen, Misten. In dieser Einsamkeit, der Natur ganz nah, entwickeln seine Sinne eine ganz besondere Sensibilität,

Die Alm – einladende Urlaubslandschaft, aber auch kräftezehrender Arbeitsplatz

ein untrügliches Gespür für Veränderungen des Wetters. Große Angst, die ihn sein Leben lang begleiten wird, hat er vor einem »Wetter«, vor den Blitzen, die schwefelgelb aus den dunklen Wolken in die nahen Felswände fahren. Nicht um sein Leben, sondern um das seines Viehs fürchtet er. Froh und dem Heiligen Leonhard dankbar ist er, wenn morgens alle seine Schützlinge wieder unversehrt im Stall stehen. Samstags ist er aufgenommen in die Gemeinschaft der Sennerinnen und Senner der weiträumigen Alm, die dem Buben den Verzicht auf seine Familie leichter ertragen lässt. Man trifft sich am Almkreuz, um den Rosenkranz zu beten, und dann, auch das hat ihn geprägt, in einer der Hütten Musik zu machen und zu den Klängen der Ziach und des Flügelhorns fröhlich und ausgelassen oft bis in die frühen Morgenstunden zu tanzen.

Gegen Ende August, wenn das Gras nicht mehr so üppig wächst, die Kühe immer weniger Milch geben und schließlich nicht mehr gemolken werden müssen, wenn der Käse reift, beginnt Otto mit dem Binden der Latschenkränze, die er, geschmückt mit bunten Bändern, in wenigen Wochen seinen Kühen zum Almabtrieb um den Hals hängen wird. Für'n Herrgott, aus Dankbarkeit.

Abends verzichtet er jetzt auf den warmen Schein der Petroleumlampe, denn kalt muss ihr Glaszylinder sein, den er gegen seine Lippen presst, um sich damit dann als Hirschrufer nach Sonnenuntergang von der Hütte aus in das allmählich beginnende Brunftkonzert der röhrenden Hirsche einzumischen. Er kennt sie alle, die nun mit ihren Rufen den Almbauern signalisieren, dass es Zeit wird zusammenzupacken, die Fensterläden zu schließen und die Kaser winterfest zu machen. Für Otto bedeutet es jedes Mal einen schmerzlichen Abschied, aber zugleich auch Vorfreude auf das Erleben der Hirschbrunft im väterlichen Revier auf der gegenüberliegenden Talseite.

Otto ist zweiundzwanzig, als er zum letzten Mal nach dem Almabtrieb die buntgeschmückten Kränze der Dankbarkeit an die Nachbarn drunten im Dorf verschenkt. Doch da hat der »Vodda« noch mehr mit ihm vor. »So, Bua, und jetzt machst a Jagerlehre!«

Heute ist Otto ein weit über seine Heimat hinaus anerkannter und geschätzter Revierjagdmeister mit dem Ehrentitel Wildmeister, Hundeführer, Hundezüchter, Kommunalpolitiker, ein herzensguter Familienmensch und für mich Vorbild und Freund.

Mit so einem Menschen das jagdliche Erleben über Jahrzehnte teilen zu dürfen, war und ist für mich nicht nur ein Glücksfall. Ich finde dabei immer wieder aufs Neue bestätigt, dass ein Jäger, der am Berg groß geworden ist, der den schweren, entbehrungsreichen und nicht ungefährlichen Beruf des Senners mit Begeisterung und großer Achtsamkeit gegenüber dem ihm anvertrauten Vieh auf sich genommen hat, auch dem Wild ein guter Hirte ist.

Unlängst haben wir wieder zusammen Gams gejagert. Das Auspacken und Ausbreiten der im Rucksack nach oben getragenen Jause zelebriert er immer wie ein Ritual. Nirgendwo sonst schmecken der heiße Tee mit Rum, der geräucherte Speck und das Käsebrot besser. Neulich, beim Zusammenpacken vor dem Weitergehen, klebte noch ein kleiner Butterrest am Papier. Ich hätte ihn verworfen, doch Otto schabte ihn vorsichtig mit dem scharfen Nicker ab und verwahrte ihn in der Blechdose. Er weiß, was es heißt, Butter zu machen. Es war nur ein kleiner Butterrest. Gibt es ein treffenderes Zeichen für Bescheidenheit, Ehrfurcht und Achtsamkeit?

DER ERSTE

DEN ERSTEN ANSITZ AUF DEN REHBOCK im neuen Jagdjahr lasse ich mir heute nicht mehr vom Kalender diktieren. Nicht das magische Datum »1. Mai« treibt mich ins Revier und auch nicht die Angst, einer meiner Böcke, die ich gar nicht alle kenne, könnte vielleicht nach dem Morgengrauen über die Grenze und vor des Nachbarn Büchse ziehen. Vielmehr sind es Wetter und Stimmung und ganz besonders die innere Stimme, die zusammen in mir jenes Gefühl aufkommen lassen, von dem ich mich seit Jahren auf der Jagd leiten lassen. Heute passt alles. Vielleicht klappt es mit dem ersten Bock des neuen Jagdjahres?

Die Vorfreude und Spannung sind groß, wenngleich sie nicht so überschwänglich und stark sind wie beim Ansitz auf den ersten Bock in meinem Leben. Was war das damals für ein Moment als Jungjäger, endlich den Jagdschein in der Tasche zu haben und ganz alleine auf den Rehbock ansitzen zu dürfen. Ein Jährling war' s mit vier Zentimeter langen Spießchen. Wenn ich an meinem Schreibtisch sitze, kann ich ihn sehen. Die mickrige Trophäe hängt nicht etwa an der Wand inmitten der vielen anderen zum Teil kapitalen Gehörne, sondern liegt, man könnte fast sagen wie eine Reliquie, in eine Glasvitrine gebettet. Zwischen den Stängelchen steckt der kleine Eichenbruch, den mir damals der noble Jagdherr und Lehrprinz feierlich überreichte.

Sechsundvierzig Jahre sind seitdem vergangen. Die eingerollten, trockenen Blätter des Erlegerbruches wären zwischen den Finger längst zu Staub zerfallen, hätte ich sie damals nicht mit Haarspray aus dem Toilettenschrank meiner Mutter regelmäßig eingesprüht und auf diese Weise halbwegs haltbar gemacht. Es existiert auch noch ein vergilbtes, verknittertes schwarzweiß Foto, welches mich mit einem freudigen Strahlen im Gesicht und dem noch frischen Eichenbruch am Hut zeigt. Über Jahre habe ich es stolz in meiner Brieftasche mit mir geführt.

Viele Umzüge hat die kleine Trophäe mit dem Brücherl schadlos überstanden, und auch heute noch achte ich darauf, dass sie mir erhalten bleibt. Warum und wofür eigentlich? Ich sehe darin keine Verherrlichung einer

Trophäe. Weiß Gott nicht! Böcke wie diese wandern bei mir heute, nachdem sie auf der Hegeschau pflichtgemäß ausgestellt und mit Sicherheit von keinem der Besucher der Schau beachtet wurden, gleich in die Knochenkiste. Es ist müßig, einem Nichtjäger zu erklären, warum die Trophäe meines allerersten Rehbockes für mich so wertvoll ist, wenngleich es sich dabei doch nur um ein schmuckloses, schwaches Gehörn handelt. Keine Enden zieren es und keine blank gefegten, glänzenden Perlen reizen den Betrachter, es in die Hand zu nehmen und die Finger darübergleiten zu lassen. Was macht es so wertvoll?

Viele Dinge, die einem im Lauf des Lebens zum ersten Mal widerfahren und dabei glücklich machen, scheinen sich in unseren Hirnwindungen besonders fest zu verankern und in der Erinnerung wohlige Gefühle auszulösen. Man muss kein Jäger sein, um beglückende Momente zu erleben, die sich auch Jahre später noch abrufen lassen und wiederaufleben.

Der eine mag heute einen dicken SUV fahren, aber in seligen Erinnerungen an seinen ersten eigenen Wagen schwelgen, auch wenn es sich dabei um einen durchgerosteten VW-Käfer gehandelt hat. Wieder ein anderer schwärmt noch von seiner kleinen Studentenbude unterm Dach, vom ersten »sturmfreien« Wohnen, und belegt diesen kleinen Ort der Freiheit und Geborgenheit mit lobenden Worten, wie er sie für sein luxuriöses Eigenheim im Grünen später nie gefunden hat.

So ist auch die erste Verliebtheit, die erste Annäherung an das andere Geschlecht unauslöschlich in meinem Hirnkastl verankert, wenngleich sie kaum mehr als platonisch war. Die Angebetete war auf dem Gymnasium eine Klasse unter mir.

Zuerst tauschten wir im Schulhof verschämt Blicke, dann schlenderten wir in den Pausen nebeneinanderher, ohne recht zu wissen, worüber wir uns unterhalten sollten. Dann aber gab es gemeinsame Kinobesuche, während derer wir Händchen hielten. Was für ein aufregendes Gefühl! Das war es dann aber auch. Und dennoch sind diese Momente unvergesslich. Es folgten viele sowohl jagdliche als auch, nennen wir sie zwischenmenschliche Momente des Glücks, die ich mir nicht so leicht in Erinnerung zu rufen vermag wie Anfänge, weil andere, viel wichtigere Begebenheiten sie überragen, weil sie untergegangen sind im dem großen Meer der Gefühle und Emotionen.

Der Jungjäger ist gut beraten, beim ersten Bockansitz nicht gleich auf einen Kapitalen zu hoffen.

Sollte heute ein schwacher Jährling in die Wiese ziehen, werde ich ihn pardonieren und für den Freund aufheben, in der Hoffnung ihm, dem frisch gebackenen Jungjäger, damit ein kleines, aber sehr wertiges Erlebnis schenken zu können.

Eigentlich habe ich meiner früheren Verlobten versprochen, heute frisches Wildbret zu liefern. Daraus wird dann nichts. Sie wird Verständnis dafür haben. Sie kennt mich, denn wir sind seit vielen Jahrzehnten glücklich verheiratet. Mein Verlobungsring liegt übrigens auch in der Vitrine.

WAND DER ERINNERUNGEN

DAS HÄTTE ES FRÜHER BEI MIR NICHT GEGEBEN, mich erst mit Ende der Schusszeit daranzumachen, die Gehörne meiner erlegten Böcke, quasi alle in einem Aufwasch, abzukochen und zu bleichen. Einem Sakrileg wäre es gleichgekommen, die Trophäe des gestreckten Bockes nicht schon am nächsten Tag, sozusagen wandfertig, dem Jagdherrn zu präsentieren. Heute schiebe ich diese zu einem rechten Jägerhandwerk gehörende Abkocherei gern von einem Tag auf den anderen.

Was war das für eine Freude in den Jungjägertagen, den schon im Mai gestreckten Jährlingsspießer sorgfältig aufzubrechen, zu zerwirken und liebevoll sein Gehörn zu präparieren. Heute ertappe ich mich manchmal dabei, dass ich beim Abschlagen des Gehörns geringer Jährlingsböcke nicht mit der nötigen Sorgfalt zu Werk gehe, dass ich eine gewisse Achtsamkeit gegenüber dem erlegten Wild vermissen lasse. Es sind dies Böcke, deren unspektakuläre Erlegung lediglich dem behördlich auferlegten Abschusssoll geschuldet ist, die sozusagen – welch despektierlicher Ausdruck – als »Beifang« mitgenommen werden, die keine Geschichte haben.

Wohin mit dem unscheinbaren, lausigen Spießer? Die Wände sind voll mit enden- und perlenreichen Trophäen alter Böcke. Einen dieser Kapitalen abzuhängen, um für einen Jährling Platz zu machen? Niemals! Nach der Hegeschau also ab damit in die Knochenkiste! Schade, denke ich mir. Was hätte ich früher dafür gegeben. Es schadet nicht, sich bei der stupiden Arbeit des Abkochens darüber Gedanken zu machen und sein jagdliches Tun wieder einmal selbstkritisch zu hinterfragen.

Unlängst habe ich wieder einmal in der Knochenkiste gekramt und das ein oder andere mickrige G'wichtl herausgeholt und betrachtet. Siehe da, Erinnerungen kamen, schwach zwar, aber sie kamen und ließen mich träumen. Mit besonderer Achtsamkeit habe ich die Gehörne wieder zurückgelegt und ihnen mit zerknäultem Zeitungspapier ein Lager gemacht.

Nichts liegt mir ferner, als um eine Trophäe wie um ein goldenes Kalb zu tanzen oder gar ein Geweih oder Gehörn als Fetisch zu betrachten. Und

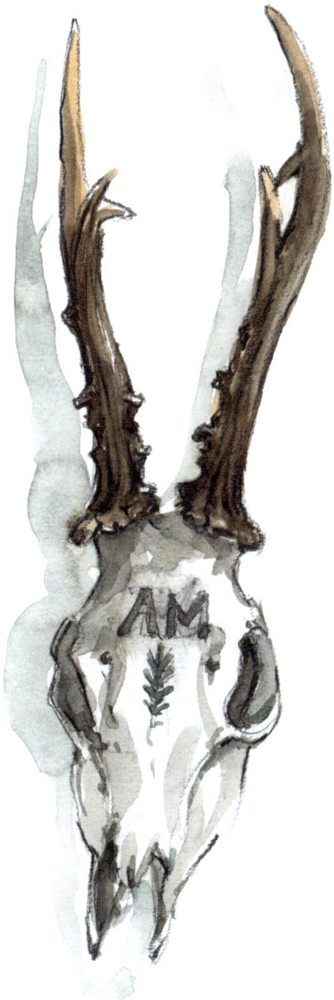

Den wahren Wert einer
Trophäe kennt nur der Erleger.

dennoch hängen über meinem Schreibtisch an einem ganz besonderen Platz einige wenige durchschnittliche bis schwache Trophäen, denen ich zwar keine magische Kraft zuschreibe, die aber dennoch für mich von besonderer Wichtigkeit sind. Ein schwaches Dreierhirscherl, eingerahmt von vier eher schmucklosen Rehg'wichteln. Allesamt erbeutet von Menschen, die ich eine Strecke ihres Weges begleiten durfte, die mir für mein Jägerleben viel gegeben haben und die ich über ihren Tod hinaus verehre.

Da hängen der letzte Bock des verstorbenen Bruders von der Uttenthaler Wiese, der gut Geperlte des noblen Jagdherren aus den Steinbergen, der Gabler von Gregorius, einem unserer Familie sehr verbundenen Priester, das Dreierhirscherl, erlegt von Ludwig B. Freiherr von Cramer-Klett, und noch nicht allzu lange der Einstangler meines jagdlichen Mentors Ludwig. Natürlich habe ich auch Fotos von diesen besonderen Menschen, aber ich denke, dass ich mit der Aufbewahrung und Achtung dieser Trophäen, die ihren Erbeutern einst große Freude und glückliche Momente beschert haben, auch ein Stück Achtung ihnen gegenüber bekunde. Nein, als Reliquien will ich diese Trophäen nicht verstanden wissen. Erinnerungsstücke sind es, die mir helfen, mich ihrer Erbeuter dankbar zu erinnern.

Von Ludwigs Witwe habe ich mir nach dem Begräbnis für meine Wand der Erinnerungen eine bescheidene Trophäe meines Lehrprinzen erbeten. Viele Jahre hatte ich ihn schon seit meiner Schülerzeit als Jagdhelfer begleiten und bei ihm eine jagdliche Ausbildung von der Pike auf erfahren dürfen, die der Beginn einer bis zu seinem Tod währenden herzlichen Freundschaft war.

Den stärksten Bock sollte ich mir nehmen, Ludwig hätte seine Freude daran. »Nimm den mit der Goldmedaille!«, bat mich Ludwigs Witwe.

Zunächst etwas ratlos ob der vielen, weit über zweihundert an Ludwigs Trophäenwand hängenden Böcke, griff ich schließlich nach dem Gehörn eines schwachen Einstanglers. Der passt, es sollte ja nur ein Erinnerungsstück sein. Vorsichtig nahm ich das auf ein Eichenbrettchen montierte Gehörn von der Wand, betrachtete es lange und drehte es schließlich um. Auf der Rückseite des Brettchens stand etwas. Ich war für Sekunden sprachlos und zugleich seltsam bewegt. Unverkennbar von Ludwig geschrieben, stand da zu lesen: »Jörg«

Haben Trophäen doch etwas Magisches? Wollte Ludwig, dass ich diese Trophäe an mich nehme? Nein, Ludwig hatte diesen Bock vor vielen Jahren von einer Kanzel aus erlegt, die ich vor Jahrzehnten einmal gebaut hatte, die im Lauf der Jahre immer wieder durch ein neues Bauwerk ersetzt wurde, aber bis heute noch immer meinen Namen trägt: »Jörg-Kanzel«.

BRUNFT UND WAHL, EIN EWIGER KAMPF

»MANEGE FREI!«, heißt es zu bestimmten Zeiten für Politiker und Hirsche gleichermaßen. In Fernsehstudios, Wirtsstuben und auf Brunftplätzen wird um die Vorherrschaften gekämpft. Mensch und Tier sind sich dabei gar nicht so unähnlich.

Wahlkampf. Allein schon das dem Begriff innewohnende Wort Kampf lässt einen an alles andere denken als an ein friedliches Miteinander, eher schon an Drein- oder Draufschlagen, ohne zu wissen, dass die lateinische Wortwurzel dieses Begriffs »Campus« tatsächlich so viel wie »Schlachtfeld« bedeutet. Im Wahlkampf geht es aber den Parteien weiß Gott nicht darum, dem politischen Gegner körperlichen Schaden zuzufügen, sondern um die Stimmen der Wahlberechtigten und letztlich darum, Macht und Einfluss auf politische Entscheidungen zu gewinnen.

Auch im Tierreich finden solche wie Wahlkampf anmutenden Auseinandersetzungen statt, deren Ziele zwar andere sind, die aber dennoch in bestimmten Phasen unübersehbare Parallelen zu unserem menschlichen Verhalten an den Tag legen. Gern interpretiere ich – wohlgemerkt, nur zu meiner eigenen Belustigung – allzu Menschliches in tierisches Verhalten hinein. Jetzt in der Hirschbrunft erlebe ich wieder ein derartiges tierisches Kräftemessen, das sich leicht eins zu eins mit unseren menschlichen Machtkämpfen decken lässt.

Schaut man nur ein paar Wochen zurück in die Feistzeit. Kaum ein Hirsch hatte sich blicken lassen – und wenn überhaupt, dann erst zu nachtschlafender Zeit, wenn er sich sicher war, unbehelligt zu bleiben. Dann hat sich so ein Hirsch in aller Ruhe seinen Pansen vollgehauen, um Kräfte für den bevorstehenden Kampf gegen seine Nebenbuhler zu sammeln. Es wäre jetzt vermessen, hier eine Parallele zu einem Bewerber um ein politisches Amt zu ziehen und diesem zu unterstellen, er würde sich nur selten blicken lassen und immer erst vor Wahlen sein schützendes Abgeordnetenbüro verlassen, um politisch aktiv zu werden und von sich reden zu machen. Wenn aber ein

Der archaisch anmutende Brunftschrei des Hirsches ist eine Botschaft an seine Nebenbuhler.

Brunfthirsch nach längerer Abwesenheit plötzlich wieder auftaucht und mit lautem Röhren auf sich aufmerksam machen möchte, dann bin ich gedanklich wieder bei der Wahlversammlung im Nebenzimmer des Dorfwirtshauses, wo der Grundsatz zu gelten scheint: Wer das Maul am weitesten aufreißt, der wird gehört und hat das Meiste zu sagen.

Von den Höhen und aus den Tälern ertönen die sehnsuchtsvollen und drohenden Schreie der Hirsche. Aber nicht nur im grünen Wald erleben wir derartige akustische Eruptionen, auch im Blätterwald ist jetzt ein starkes Rauschen nicht zu überhören, ein verbales Brunftkonzert auf allen Kanälen, ein gegenseitiges Fertigmachen vor laufenden Kameras, ein Aufeinanderprallen der Kontrahenten, wohl hart, aber meist fair.

Dann sind da draußen im Revier noch die Beihirsche, die am Rande des Schau- oder Brunftplatzes gierig ausharren, bis der Platzhirsch einen Moment abgelenkt ist, um sich dann selbst in den Vordergrund zu drängen, was aber in der Regel ins Leere läuft. Eine treffendere Bezeichnung als Beihirsch für die unter der Fünfprozenthürde bleibenden Bewerber in der Politik gibt es nicht. Der Beihirsch ist noch jung und unerfahren, aber ein Möchtegern. Sein Geweih ist alles andere als kapital, hat noch keine Krone und die Enden sind stumpf und oft nur angedeutet, sodass man nicht mal eine Breze daran hängen könnte. Der politische Beihirsch versucht gern, derartige jämmerliche Merkmale mit einem Outfit zu kompensieren, das Unerschrockenheit und Draufgängertum signalisieren soll, indem er sich für das Wahlplakat im Unterhemd und unrasiert ablichten lässt.

Schon in der Feistzeit hat der Platzhirsch Baumstämme malträtiert, um jetzt in der Brunft mit einem frisch verschlagenen, scharfendigen Geweih auf sich aufmerksam zu machen. Ihm würde es niemals einfallen, einen Baum zu umarmen, eine Handlung, mit der ein politischer Platzhirsch schon mal medienwirksam sein Profil zu schärfen sucht.

Sind Brunft und Wahl vorbei, dann sind unter den Protagonisten der Schlacht die ausufernden Rivalitäten schnell vergessen. Man leckt sich die Wunden, und schon Wochen später trifft man sich in alter Freundschaft am Futtertrog beziehungsweise bei Empfängen wieder, genießt gemeinsam Heu und Kraftfutter, oder eben Zander in der Salzkruste und Riesling, so als ob man sich nie gezankt hätte. Spätestens im nächsten Frühjahr werden alle Hauptdarsteller ihre Hörner wieder abgestoßen haben, um sich sogleich für neue Kämpfe mit noch stärkeren und imponierenderen Hörnern zu rüsten.

Wie sagt Goethe? Wohl ist alles in der Natur Wechsel, aber hinter dem Wechselnden ruht das Ewige.

DAS HERBSTGEDICHT

» *Es muss nicht immer der Heilige Hubertus sein. Auch unter den vierzehn Nothelfern ist einer den Jägern gewogen.* «

DIE DRITTE JAHRESZEIT, das Hinübergleiten aus den späten Sommerferien in den Frühherbst mit morgendlicher Dunkelheit und Kälte war mir zu meiner Schulzeit besonders verhasst. Das Warten auf den Zug, zusammengepfercht mit missmutig dreinschauenden Menschen in dem nach kaltem Rauch und Bohnerwachs riechenden Wartesaal unseres kleinen Bahnhofes, war mir stets zuwider. Hatte man endlich auf den hölzernen Bänken in einem der damals noch von einer Dampflok gezogenen Waggons einen Sitzplatz ergattert, dann hieß es, schnell die Schultasche aufzuklappen und mit einem der Schulkameraden die Ergebnisse der Hausaufgaben abzugleichen. Eine dieser morgendlichen Kontrollen ist mir besonders im Gedächtnis geblieben.

»Hast du des Gedicht g'lernt?«, fragte mich mein Banknachbar. »Welches Gedicht?«

»Des mit'n Herbst!«

Oh Gott, das hatte ich total vergessen und ich wusste, dass ich heute im Deutschunterricht drankommen würde. Schnell blätterte ich im Buch nach dem Text und begann im über die Weichen ruckelnden Zug ihn mir halblaut vorzulesen und einzuprägen.

Ägyd bläst in des Herbstes Horn / Die Beere schwankt am Brombeerdorn.

Nur dieser erste Reim dieses nicht so langen Gedichtes ist mir bis heute in Erinnerung geblieben. Dass so ein Poem einen Elfjährigen nicht vom Hocker reißt, ist verständlich. Mit einem Ägyd konnte ich gar nichts anfangen, und soweit ich mich noch erinnern kann, blieb ich im Unterricht davor verschont, das Herbstgedicht vortragen zu müssen. Tatsächlich meldet sich der in Erinnerung gebliebene erste Reim in meinem Unterbewusstsein immer wieder, wenn die ersten Herbststürme die gelben Ahornblätter durch die Luft wirbeln und mein Herz dabei aufgehen lassen. Kein Wunder, dass mit dem Aufkeimen der Jagdpassion schon im Jugendalter mir der Herbst dann zu einer ganz besonders geliebten Jahreszeit wurde, die ich immer sehnlichst erwarte.

Ich war in den steirischen Bergen auf einen Hirsch eingeladen. Beim »Gidi« sollte ich mich am Wochenende melden. Es würde pressieren, denn die Brunft sei jetzt auf dem Höhepunkt und der Hirsch mit einem auffallenden Knick in den Stangen wäre doch etwas für mich ganz Besonderes. Im Örtlichen fand ich die Telefonnummer des Jägers und war fast ein wenig bewegt, als ich da seinen amtlichen Vornamen las »Ägyd«. Da war sie wieder, die erste Strophe. Mit einem Jäger, dessen Namenspatron ein Heiliger ist, der in sein herbstliches Horn bläst und die Beere am Brombeerdorn zum Wanken bringt, auf einen Hirsch waidwerken? Da kann nichts schief gehen, insbesondere was den Wind betrifft.

Zielstrebig schritt Gidi mir steil voran bis zum Gipfel eines riesigen Felsens, der wie eine Zinne aus dem Bergwald hoch in den Himmel ragte und auf beiden Seiten steil abfiel. Ich hatte Angst um den Jäger, der furchtlos bis an die Felskante kletterte und vor dem Abgrund seinen Rucksack für mich als Gewehrauflage zurechtknetete. Zugegeben, Schwindelfreiheit ist nicht meine Stärke, aber es musste schnell gehen. Unsicher robbte ich nach vorn und machte mich fertig. Schon nach wenigen Minuten zog der »Knickhirsch« röhrend und immer wieder verhoffend auf dreihundert Meter über den gegenüberliegenden Schlag. Er kam näher und auf Gidis: »Jetzt gang's!« war der Schuss draußen und der Hirsch gefehlt.

Für einen neuerlichen Schuss auf den unbeirrt röhrenden »Knicker« hatte ich keinen Mut mehr. Oh, heiliger Ägidius, dachte ich mir, warum tust du mir das an? War das etwa deine späte Rache dafür, dass ich als Schüler dem Gedicht über dich damals nicht die entsprechende Beachtung schenkte? Dem Jagdherrn noch vom Felsen aus telefonisch mein Versagen zu beichten, fiel mir schwer. Alle Ausreden gebrauchend, versuchte ich mich zu rechtfertigen. Meine mangelnde Schwindelfreiheit, die harte Gewehrauflage, den starken Wind und was weiß ich, wen ich noch alles als Grund für den Fehlschuss verantwortlich machte, um die jagdherrliche Absolution zu erhalten, bis endlich Gidi mir das Handy aus der Hand nahm und dem Jagdherrn erklärte, dass es »scho sauweit g'wen is« und dass wir morgen hundertprozentig liefern werden.

Gidi traf, meiner Unsicherheit bei Weitschüssen Rechnung tragend, für den nächsten Abend eine richtige Entscheidung. Wir setzten uns drunten im Tal an, wo das Rotwild gern, angezogen vom noch frischen Grün und Fallobst der steilen Streuobstwiese, von der Höhe herunterkommt. In einem kommoden Bodensitz durfte ich mich einrichten, während der Jäger schnell noch den steilen Hang hochkletterte und einen der Apfelbäume so heftig schüttelte, dass die kleinen rotbackigen Äpfel an den Ästen wankten und polternd ins Gras fielen. Da war sie wieder, die zweite Zeile des Gedichts. Nur brachte an diesem Abend Ägyd nicht Beeren, sondern Äpfel ins Wanken.

Das Kahlwild ließ nicht lange auf sich warten. Eilig zogen Stuck, Schmaltier und Kalb in das an roten Äpfeln reiche Grün, gefolgt vom Knickhirsch. Irgendwie fühlte ich mich in diesem Moment vom heiligen Ägyd besonders geleitet und dieser Schuss ging nicht fehl.

Fortan interessierte ich mich für den Heiligen. Er ist einer der vierzehn Nothelfer, der unter anderem auch als Beistand für eine gute und reumütige Beichte gilt. Als ich das im Nachhinein las, war mir alles klar.

Die Hirschbrunft hat seit jeher Poeten wie Künstler gleichermaßen inspiriert.

TOTHOLZ IST LEBEN

» *Bei der Gartenarbeit im Frühjahr entsorgen wir verdorrte Pflanzen in der Regel. Im Wald müssen wir umdenken.* «

TOTHOLZ – EIN BEGRIFF, der sich als Titel für einen sonntagabendlichen Tatort ebenso eignen würde wie für die Bezeichnung eines zur Urnenbestattung ausgewiesenen Waldstückes, wird der wahren, großen Bedeutung abgestorbenen Holzes für das Ökosystem nicht gerecht. Mit dem aus nur drei Buchstaben bestehenden Wörtchen »tot« verbinden wir gemeinhin nichts Positives. Tot setzt man gern gleich mit »nicht mehr funktionsfähig, aus, vorbei, wertlos«.

Abgestorbenes Holz, auch wenn es per se tot ist, nicht mehr wertzuschätzen, zeugt nicht nur von mangelndem Wissen über ökologische Zusammenhänge, sondern auch von einem Desinteresse an den in der Natur verborgenen Geheimnissen. Das dem Verfall preisgegebene und über viele Jahre sich allmählich durch Mikroorganismen zu Humus verwandelnde Holz eines Baumes bietet einer Vielzahl von Käfern, Insekten, kleinen Säugetieren und Vögeln eine Heimstatt und trägt ganz entscheidend zur Biodiversität bei. Nirgendwo können wir diesen ewigen Kreislauf der Natur, das Werden und Vergehen besser erkennen als in dieser kleinen Welt eines scheinbar noch immer von Energie strotzenden »toten« Baumes. Zugleich erfahren wir, dass neues Leben erst durch das Ableben eines anderen Organismus entstehen kann.

Über drei Jahrzehnte ist es her, als ich gerade den Pachtvertrag für mein Waldrevier in der Tasche hatte und aus trockenen Fichtenstangen meine erste kleine Ansitzleiter zusammenzimmerte. Weder eine Motorsäge noch ein Akkuschrauber, wie ich sie heute stets im Auto mitführe, standen mir damals zur Verfügung und auch auf einen Meterstab glaubte ich verzichten zu können.

Diese kleine jagdliche Einrichtung, aufgestellt am Rand einer lückigen, hüfthohen Tannenverjüngung, war sicher kein Vorzeigeobjekt und entsprach nicht den berufsgenossenschaftlichen Vorschriften. Auf den Knüppeln saß man hart, aber das Bauwerk bot mir ausreichend Platz und an föhnigen Tagen auch einen der Seele des Bergjägers wohltuenden Blick hinüber zum Dachstein und Watzmann. Die Böcke, die ich von dieser »Alpenblick« getauften Leiter erlegen konnte, mögen für einen Außenstehenden vielleicht nicht erstrebenswert gewesen sein. Für mich waren sie die ersten großen Erlebnisse im eigenen Revier und daher etwas ganz Besonderes.

Wohl kaum jemand außer dem Erbauer von Hochsitzen in einem Waldrevier wird aus eigener Erfahrung erkennen müssen, wie schnell Bäume wachsen, das Schussfeld einschränken und den erholsamen Blick in die Ferne verwehren. Schon nach zehn Jahren konnte bei meiner Leiter von Alpenblick keine Rede mehr sein. Sie war funktionslos. Etliche jagdlichen Erfolg versprechende Plätze im Revier wie Wind- und Schneebruch- und sogenannte Käferlöcher taten sich auf und wollten mit strategisch geplanten Leitern, Bodensitzen und Kanzeln sozusagen aufgemöbelt werden. Dachstein- und Watzmannblick waren vergessen.

Wenn im Jäger das möglichweise über viele Generationen inaktive, schlummernde Sammlergen plötzlich wieder erwacht, dann schlägt er im Herbst schon auch mal gern andere Pfade ein, will heißen, er krabbelt auf allen Vieren durch die Dickung auf der Suche nach Steinpilz und Pfifferlingen. Etliche habe ich im letzten Jahr gefunden, aber ein Fund hat mich ganz besonders überrascht und innehalten lassen.

Ich hatte mir auf Knien zwischen tief herabhängenden Tannenzweigen einen Weg gebahnt und kniete plötzlich vor den von Moos und Flechten überzogenen, morschen Resten der Alpenblickleiter. Nachdem ich sie gar nicht mehr in meine jagdlichen Planungen einbezogen und vergessen hatte, sie zu entsorgen, musste sie über viele Jahre Stürme, Gewitter und Schneedruck ertragen, um schließlich, zu Boden gedrückt, allmählich zu verrotten. Wenngleich auch noch einige krumme, rostige Nägel in den morschen Holmen zu erkennen waren, so war sie doch zu einem, wenn auch kleinen Biotop für Käfer, vielerlei Insekten und Mikroorganismen geworden.

Ich rüttelte ein wenig an einer lockeren Sprosse, die mir zwischen den Finger zu Mulm zerbröselte und gleich dem Sand einer Sanduhr zu Boden rieselte. Erinnerungen wurden dabei wach an die ersten Böcke, die ich hier erlegen durfte, an Hunde, die mich damals begleiteten, an Freunde, die hier mitjagten und den Blick in die Berge genossen. Da war es plötzlich wieder, dieses unbeschreibliche, wunderbare, befriedigende Gefühl, endlich Herr im eigenen Revier zu sein.

Nach etwas suchen, das man verloren hat, macht Stress. Pilze suchen ist eine beglückende Passion, die beruhigt und zufrieden macht. Wer sucht, der findet aber auch oft etwas, was ihn besonders glücklich stimmt. Eine große, emotional berührende Kraft, eine Botschaft schien von diesen verrotteten Trümmerhaufen auszugehen. Totholz? Nein, tot war dieses Holz nicht!

Des einen Tod, des anderen Brot – ein Paradebeispiel

FEHLDIAGNOSE

WER KENNT DAS NICHT? Man hat seit Längerem Beschwerden, sucht einen Arzt auf, der sich erst einmal die Klagen anhört und dann durch gezielte Nachfragen versucht, sich ein Bild davon zu machen, welche Umstände, welche Lebensstilgewohnheiten und welche Vorerkrankungen eventuell für die Beschwerden verantwortlich sind.

»Haben Sie derartige Beschwerden schon einmal gehabt?«, soll einmal ein Arzt den Patienten gefragt haben. Als dieser die Frage bejahte, stellte der Arzt lapidar fest: »Dann haben sie die jetzt wieder!«

Ganz so einfach geht's natürlich nicht. Es folgen eine körperliche Untersuchung, eine Bestimmung der Laborwerte und es kommen eventuell noch eine Ultraschall- oder Röntgenuntersuchung oder andere bildgebende Verfahren zum Einsatz. Die so gewonnenen Erkenntnisse werden schließlich beurteilt und erlauben nun, eine Diagnose oder doch zumindest eine Verdachtsdiagnose zu stellen und eine entsprechende Therapie einzuleiten.

Die beiden über Neunzigjährigen, für ihr Alter noch rüstigen ledigen »Huaber-Schwestern«, für deren Gesundheit und Wohlergehen ich als ihr Hausarzt mehrere Jahrzehnte verantwortlich war, stellten hinsichtlich Diagnostik und Therapie keine schweren Fälle dar. Lediglich degenerative Gelenk- und Wirbelsäulenbeschwerden, banale Infekte der Atemwege oder des Magen-Darm-Traktes machten hin und wieder einen Hausbesuch bei den alten Damen erforderlich. Oft musste ich erst an die Fensterscheibe der Küche klopfen, bis eine der beiden etwas Schwerhörigen mir die Tür ihres am Rand eines Feldgehölzes liegenden kleinen Häuschens öffnete. Die scheppernde Hausglocke hörten sie wegen eines zu laut aufgedrehten Radios oft nicht, und so blieb mir immer ein wenig Zeit, den kleinen, etwas verkrauteten Vorgarten zu inspizieren, wo sie nicht nur im Winter, sondern das ganze Jahr hindurch in einem Vogelhaus Körner für die Vögel und Eichhörnchen auslegten und vom Frühjahr bis zum Herbst den Igeln auf mehreren Tellern Essensreste anboten.

Sie und ihre Artgenossen sind wohl die bestgehassten Nager.

Auch ich durfte nicht selten mit einer Tasse Kaffee im Stehen ihre Gastfreundschaft genießen. Einmal musste ich in einem der weichen Plüschsessel Platz nehmen, denn sie hatten etwas ganz Besonderes auf dem Herzen und baten um meinen, diesmal nicht ärztlichen Rat. »Herr Doktor, Sie sa'n doch a Jager …« begann die Jüngere der beiden zögerlich, und die Ältere fuhr mir mit vor den Mund gehaltener Hand flüsternd fort: »Mir ha'm a Viech im Haus. Wir hör'n es bei der Nacht im Schlafzimmer und einmal ha'm mir was Graues huschen g'sehn«.

Ich hatte wenige Tage zuvor in meiner Jagdhütte wieder einmal die Unordnung und Hinterlassenschaften der Siebenschläfer beseitigt und mir war sofort klar, dass es einer dieser aufdringlichen Bilche war, der hier die Nachtruhe der in einem Doppelbett schlafenden Damen störte. Dennoch erhob ich, wie sich das gehört, eine genaue »Anamnese«, und bereitwillig, nun gar nicht mehr zögerlich, beantworteten die beiden meine Fragen nach den Lautäußerungen und dem Aussehen des einmal nur kurz aufgetauchten Tieres, nach den Zeiten des Auftauchens und nach etwaigen Kotresten. Erleichtert atmeten die »Huaber-Schwestern« auf, als ich ihnen meine »Diagnose« Siebenschläfer mitteilte, und interessiert hörten sie sich meine wildbiologischen Ausführungen über die Bilche im Allgemeinen und den Siebenschläfer im Besondern an. Sie akzeptierten den Schutzstatus dieses kleinen Untermieters und es hätte nicht viel gefehlt, dass sie aus lauter Tierliebe auch ihm ein Futterschälchen aufgestellt hätten. Eine Therapie war also nicht erforderlich.

Eine Woche später erbaten sie erneut einen Hausbesuch, um mir etwas zu zeigen. Sie hatten den »Siebenschläfer« mit einem Besenstil erschlagen. Es war eine ausgewachsene, dicke, fette Ratte – trotz ausführlicher »Anamnese« eine klare, vorschnelle Fehldiagnose meinerseits. Ein bildgebendes Verfahren im Sinne einer Wildkamera unter der Bettstatt wäre vielleicht für die Bewahrung meiner bis dato gute Reputation bei den Damen hilfreich gewesen.

Im Frühjahr mussten die Schwestern mit Husten und leicht erhöhten Temperaturen das Bett hüten. Ich nahm mir extra viel Zeit für die Untersuchung und stellte dann Rezepte für fiebersenkende Tabletten und einen Schleimlöser aus. »Ist nicht schlimm! Bettruhe und viel trinken«, sagte ich im Hinausgehen.

Da sahen mich beide etwas ungläubig an und die ältere Schwester meinte: »Na, Herr Doktor, sind Sie sich wirklich sicher?«

WIE NATURNAH JAGEN WIR NOCH?

SICH DER NATUR NÄHERN ZU KÖNNEN, sie in ihrer unbeschreiblichen Großartigkeit erleben zu dürfen, ist durchaus kein Privileg des Jägers. Natur gehört uns allen. In unseren Wäldern wird es eng, denn Naturnähe ist zum Nulltarif zu haben.

Einen immer größeren Zulauf erlebt die Natur in unseren Tagen von Menschen, die ihr nahe sein wollen, sie aber nie verstehen lernen, wenn ihnen die Landschaft lediglich als abwechslungsreiche Kulisse für ihre sportliche Betätigung dient. Auch viele Menschen, die Ruhe, Entspannung und Erholung suchen und zu sich selbst finden wollen, erkennen mehr und mehr die heilsame Kraft, die von der Natur ausgeht, wenn man bereit ist, sich geistig mit ihr auseinanderzusetzen.

Nicht jedermann ist in der Lage, die von der Natur ausgehende Kraft auf sich wirken zu lassen. Dafür bedarf es erst einmal eines großen Wissens. Eines Fachwissens über die Zusammenhänge in der geheimnisvollen Natur. Sich allein an der äußeren Schönheit der Natur zu erfreuen, genügt nicht. Oberflächliche Betrachtung allein, ohne Tiefgang, hilft uns nicht, die Natur als ein Wunderwerk der Schöpfung und uns selbst als einen nur kleinen, unbedeutenden Teil von ihr erkennen zu können. Wir selbst sind ein Stück der Natur wie jedes andere Lebewesen auch. Dieses Bewusstsein macht uns nicht nur demütig, sondern letztlich auch dankbar, und es erweckt in uns ein hohes Verantwortungsgefühl gegenüber der gesamten belebten Natur – von der Waldameise bis zum Rothirsch, vom Maiglöckchen bis zum Nadelbaum. Von dem Irrglauben, wir seien die Krone der Schöpfung, müssen wir uns dagegen mehr und mehr lösen.

»Nur was ich kenne, liebe ich, und nur, was ich liebe, schütze ich.« Diese Aussage von dem Verhaltensforscher Konrad Lorenz bringt es auf den Punkt. Wir Jäger wollen gern in der Rolle eines Anwalts für die bedrohten Wildtiere gesehen werden. Kein einfaches Mandat, denn es erfordert eine Ausbildung weit über das nicht weniger wichtige Wissen in Fragen der

Dem Wild immer wieder auch Ruhe zu gönnen und es in Ruhe zu lassen, zeugt von praktizierter Jagdethik.

Ballistik, Optik und Nachtsichttechnik hinaus. Nur das Wissen über die Natur, die Biologie der einzelnen Tierarten, die Pflanzen und die Veränderungen der Natur im Wechsel der Jahreszeiten lässt in uns eine große Liebe zur Natur erwachen, über die wir schützend unsere Hand zu legen bereit sind. Wer, wenn nicht wir Jägerinnen und Jäger, kann eine solche Expertise vorweisen? Nicht selten sind wir in unserem Tun als Anwälte des Wildes zwiegespalten, denn wir töten auch, was wir schützen und lieben. Wir Jäger haben einen Auftrag, den wir tierschutzgerecht, von einem ethischen Bewusstsein geprägt, erfüllen müssen.

Von welchen Motiven haben wir uns leiten lassen, was hat in uns einst den Wunsch bekräftigt, Jäger zu werden? Früher waren in unseren Kindertagen Lokomotivführer und Förster die Traumberufe. Berufe, die unterschiedlicher nicht sein können. Die Freude an der Technik und die Liebe zur Natur müssen aber durchaus keinen Widerspruch bedeuten. Auch heute noch scheint beides gleichberechtigt in unseren Herzen zu schlummern.

Ist Jagdpassion am Ende gar die Erfüllung des Kindheitstraums, Lokomotivführer oder Förster zu werden? Angesichts der vielen technischen Raffinessen, die wir heute beim Gang ins Revier im Rucksack mit uns führen, liegt dieser Verdacht durchaus nahe. Die zum Teil überbordende neue Technik wie Überwachungskamera, Nachtsichtgerät, Nachtzielgerät, Mobiltelefon, Erkundungsdrohnen, Entfernungsmesser, vom geländegängigen Fahrzeug ganz zu schweigen, sind nicht unbedingt einer Technikverliebtheit geschuldet, sondern oftmals zur Erfüllung des zum Teil ausufernden hohen Abschusssolls unerlässlich. Wir können auf größere Distanzen genauer ansprechen, präziser und schneller schießen und mehr Wild zur Strecke bringen. Wir machen die Nacht zum Tage und nehmen dabei den Wildtieren den Schutz der Dunkelheit.

Auf der Strecke bleiben dabei aber nicht nur mehr erlegte Tiere, sondern auch unsere ursprüngliche Motivation, Jäger zu werden. Die Sehnsucht nach einem beschaulichen, geduldigen Warten und Erwarten, das Fühlen und Spüren der Natur, das Verzicht-Üben, das wir im Lauf unseres Jägerlebens über viele Jahre erlernt und erlebt haben. Nicht nur wir haben uns im Lauf unseres Jägerlebens verändert und uns und unsere Jagdstrategien vielleicht zwangsläufig einer sich verändernden Natur angepasst.

Längst ist die Natur nicht mehr unberührt. Straßen, Autobahnen, stromerzeugende Windräder engen den Lebensraum der frei lebenden Tiere immer weiter ein und die Wälder sind ganzjährig erfüllt vom Dröhnen der Holzvollerntemaschinen und Motorsägen, die in wenigen Wochen zusammenhängende Waldungen mit neuen Forststraßen und Rückegassen in kleine Parzellen wie in ein Schachbrett verwandeln. »Die Technik ist die grandioseste Errungenschaft«, so der Jagdphilosoph Eugen Wyler (1969), »aber sie droht zum Fluch zu werden, denn sie steht voran im Dienst der menschlichen Gewinngier, und wir schämen uns nicht, sie wie einen Götzen anzubeten und verschwiegen ihrem Genusse zu verfallen.«

Eine hoch technisierte Jagd auch heute noch naturnah zu betreiben in Landschaften, die durch das Handeln der Menschen immer unnatürlicher werden, scheint ein Widerspruch in sich selbst zu sein. Noch aber können wir naturnah jagen, wenn wir uns bemühen, dabei im Einklang mit der Natur zu bleiben, uns in ihren Rhythmus einklinken, lernen, Verzicht zu üben und auch mal links und rechts am Zielfernrohr vorbeizuschauen. Über allem jagdlichen Erfolg sollte das intensive Naturerleben stehen und jeden Jagdtag sollten wir, auch ohne Beute, als eine geistige Begegnung mit der Natur erkennen und dankbar annehmen. Wir müssen uns bewusst machen, dass die Natur die Stärkere ist und dass wir mit ihr und in ihr, aber niemals gegen sie jagen dürfen.

DER SALZMANN

> *Der Glaube an Waldgeister allein hilft nicht. Man muss etwas dafür tun, damit sie erscheinen und Gutes tun.*

ES DÜRFTE ALLGEMEIN BEKANNT SEIN, dass sich Männer – ganz zum Leidwesen ihrer besseren Ehehälften – eher von einem Baumarkt als von einem Modehaus angezogen fühlen. Von Werkzeugen, und das muss schon in der grauen Vorzeit mit dem steinernen Faustkeil seinen Ursprung haben, geht eine ganz besondere Faszination aus. Es gibt wohl kaum einen Mann, der nicht als Junge sein erstes Taschenmesser wie einen kostbaren Schatz mit sich trug, und wenige, die später dann nicht auf ein Multitool von Leatherman umgestiegen sind und im Erwachsenalter schließlich der Verlockung einer Motorsäge widerstehen konnten. Ich selbst habe es bisher zu zwölf Messern und drei Kettensägen verschiedener Schwertlängen gebracht. Spielzeuge für Erwachsene, wenn man so will.

Vor nahezu zwanzig Jahren gab ich mich nicht mehr mit dem Schneiden von Leitersprossen zufrieden. Die neue kleine und führige Motorsäge drängte mich dazu, den verbliebenen Stamm einer vom Sturm geknickten Fichte einer ganz besonderen Behandlung zu unterziehen. Mit einer tief eingeschnittenen Kerbe wollte ich eine probate Salzlecke herstellen. Es machte unglaublichen Spaß, unter dem Aufheulen des kleinen Motors die scharfe, flinke Kette kreuz und quer in das schon leicht rotfaule Holz zu treiben und die Späne fliegen zu lassen. Die Salzlecke war vergessen. Was könnte das werden? Der Kopf eines Tieres, eines Gnoms?

Ich trat ein paar Schritte zurück, betrachtete das, was ich da freigelegt hatte, und glaubte, einen Kopf, ein Gesicht zu erkennen. Daran arbeitete ich weiter, wohl wissend, dass Korrekturen, anders als bei einer Zeichnung, nicht

Beim Anlegen einer Salzlecke sind der Fantasie des Jägers keine Grenzen gesetzt.

möglich waren. Schnell ließen sich durch vorsichtiges Sägen aus dem Stamm dem Gesicht ein Bart und buschige Augenbrauen herausschneiden und der Nase ein markantes Profil verleihen. Mehr schlecht als recht konnte ich diesem noch ein wenig Ausdruck verleihen, dann war der Sprit alle und meine Kreativität abrupt beendet. Ein Glück nur, dachte ich, dass sich in diese heimliche Ecke des Reviers wohl kaum ein Wanderer verirren und mein Kunstwerk mitleidig belächeln könnte.

Mich meines ursprünglichen Vorhabens erinnernd, legte ich den mitgebrachten Bergkern-Leckstein meiner Holzplastik aufs Haupt und sah im Geiste, wie sich die Rehe an dem vom Regen ausgewaschenen und über Augen, Mund und Nase am Stamm hinunterrinnenden Salz gütlich taten. Im Weggehen drehte ich mich noch mal um und sah in die tief liegenden Augen eines mürrisch dreinblickenden Grantlers. »Salzmann sollst du heißen«, rief ich ihm zu.

Die Rehe betrachteten ihn nicht, wie man vielleicht annehmen könnte, als Wildscheuche, ganz im Gegenteil. Das aufgewühlte Erdreich mit Schalenabdrücken am Fuß des Stammes war ein Beweis dafür, dass sie Salzmann sofort ins Herz geschlossen hatten und ihn regelmäßig besuchten. Ich kam selten bei ihm vorbei, aber bis heute suche ich den Salzmann doch mindestens einmal im Jahr auf, um sein mittlerweile brüchiges Haupt erneut mit einem Bergkern zu krönen. Unlängst nahm ich sogar bei meiner Pirsch einen kleinen Umweg in Kauf, um ihm wieder einmal einen Besuch abzustatten. Die vielen Jahre, in denen er nun schon ständig Sturm, Regen und Frost ausgesetzt war, sind nicht spurlos an ihm vorübergegangen und die Rehe haben seine nun rotfaulen, salzhaltigen Beine rundherum angeknabbert. Seine einst scharfkantigen Gesichtszüge sind weicher und sanfter geworden, die Wangen sind teilweise abgefault und wie bei einem Greis eingefallen und der Blick seiner, jetzt noch tiefer liegenden Augen wirkt längst nicht mehr drohend wie noch vor Jahren. Gütig blickt der Salzmann jetzt drein.

Spaziergänger, die sich im Wald rücksichtsvoll an das Wegegebot halten, werden den Salzmann nie entdecken. Dem von Haus aus neugierigen, auf der Suche nach Pfifferlingen und Maronen durch jede Dickung kriechenden Pilzsammler dagegen mag die eigenwillige Salzlecke vielleicht einen kleinen Schrecken einjagen und ihn dann ratlos kopfschüttelnd seiner Wege ziehen lassen. »Was soll jetzt des? A so a Schmarr'n!«, höre ich den Schwammerlsucher im Geiste vor sich hinmurmeln und freue mich. Mit einem Schild »Jagdliche Einrichtung, Berührung verboten!« wäre Salzmann entweiht. Es scheint, er hat sich zumindest äußerlich zu einem Waldgeist gewandelt.

Waldgeister, so sagt man, sind Wesen, die nicht nur im Wald wohnen, sondern ihn und alles Leben in ihm beschützen. Waldgeister, so kann man lesen, haben eine lange Tradition. Sie entstehen oder entspringen der Fantasie der Menschen nur dort, wo die Menschen auch einen kulturellen Bezug zum Wald herstellen, wie etwa durch die Jagd.

Unsere kranken Wälder haben heute schützende Waldgeister nötiger denn je. Vielleicht sollten wir bei aller Freude am Jagen und am Beutemachen versuchen, das wertvolle Kulturgut Jagd noch mehr zu pflegen und die Jagd auch in ihrem geistigen Inhalt zu verstehen. Dann tauchen auch wieder Waldgeister zum Wohl des Waldes auf. Ein Salzmann allein reicht da nicht.

EIN BRUCH VON DER SCHÖNEN ELSE

OB DIE FRAGE NACH DEN brauchtumsgerechten Baumarten, deren abgebrochene Zweiglein als letzter Bissen, Inbesitznahme- oder Schützenbruch verwendet werden dürfen, auch heute noch hin und wieder Gegenstand der mündlichen oder schriftlichen Jägerprüfung ist, weiß ich nicht. Auch wenn die Kenntnis dieser Baumarten für den heutigen, immer nüchterner werdenden Jagdbetrieb nicht relevant ist, so spricht es doch für einen Jäger, wenn er sich nach dem Erlegen eines Wildtieres an gewisse Bräuche oder Rituale hält. Der Brauch, dem erlegten Schalenwild den letzten Bissen zu geben und sich den mit Schweiß des erlegten Wildtieres benetzten Bruch hinter das Hutband zu stecken, kostet weder Geld noch Zeit. Höchstens nur ein paar Sekunden des Innehaltens und des Sich-Bewusstmachens, dass man ein Tierleben ausgelöscht hat. Ich denke, das man das dem Geschöpf schuldig ist.

Von welchem Baum wir das Zweiglein brechen, denke ich, ist zweitrangig. Oft gibt es Situationen, in denen sich auch im weiten Umkreis kein Baum finden lässt, der nach Freverts jagdlichem Brauchtum zulässig wäre. Als folgsamer Jungjäger habe ich früher keine Wege gescheut, wenn es darum ging, einen brauchtumsgerechten letzten Bissen für meinen erlegten Knopfbock zu suchen. Heute denke ich mir – man möge es mir verzeihen –, dass dem Bock, wenn Fichte, Tanne, Erle, Eiche oder Latsche in weiter Ferne sind, als letzter Bissen auch ein Zweig mit Blättern der Brombeerstaude recht sein wird, von der er vor wenigen Minuten noch genüsslich genascht hat.

In Afrika hat der Jagdführer meinem erlegten Springbock einen Büschel Savannengras in den Äser geschoben und mir ein paar mit Schweiß benetzte Halme als Bruch überreicht. Egal ob Brombeerblätter oder verdorrtes Gras, beides taugt, um ein paar Sekunden des Sich-Besinnens – mehr sind es nicht – zu gewinnen und zu erleben.

Vor einigen Jahren konnte ich in Ungarn auf einer Drückjagd von einem Stand aus vier Überläufer erbeuten. Nicht allzu flüchtig kamen mehrere

Übertreiben wir es nicht mit dem Brauchtum …
Warum nicht auch mal ein Bruch von der Elsbeere?

Rotten durch den Akazienwald herangeprescht. Ich bin kein Meisterschütze, es passte halt. Das Schulterklopfen meines ungarischen Jagdführers Gabor wollte kein Ende nehmen.

»Du gutär Schütze, du sähr gutär Schütze!«, wiederholte er immer wieder. Ich ließ ihn in dem Glauben.

»Du bekommen ganz besondäre Bruch von mir!« Vier Akazienbrüche am Hut, dachte ich mir, das wird ja lustig aussehen.

»Du bleiben hier bei Schweine. Ich komme wiedär mit besondere Bruch« Sprach`s und verschwand zwischen den Akazienstämmen.

Der Bruch, mit dem er nach wenigen Minuten wieder zurückkam, hatte auf den ersten Blick etwas von einem kleinen, bunten Blumenstrauß. Es war ein Zweig mit vier wunderschönen, gelb-rötlich gefärbten, gelappten Blättern. »Für jedä Schwein eine Blatt!« erklärte er mir voller Stolz und Freude.

Es war ein Zweig der Elsbeere, ein Baum, den ich noch nie gesehen hatte. Ich war richtig gerührt von der Herzlichkeit Gabors, als er mir fast ein wenig feierlich das von weit hergeholte vierblättrige Zweiglein auf seinem abgewetzten und löchrigen Hut überreichte. Es war einer jener nur kurzen Momente, in denen die Jagd nicht nur einen brauchtumsgerechten Abschluss findet, sondern auch eine ganz besondere emotionale Aufwertung erfährt.

Wieder zu Hause, begann ich mich über die Elsbeere, deren wunderschönen Blätter meinen Hut zierten, zu belesen. Liebevoll wird sie auch als »Schöne Else« bezeichnet. Die Systematik der schönen Dame, oder genauer der *Sorbus torminalis* (L.), interessierte mich weniger, vielmehr dafür, welche Verwendung die Elsbeere findet. Ihr sehr wertvolles Holz taugt für den Bau von Musikinstrumenten, liefert ein sehr begehrtes Furnier für die Möbelherstellung und hochwertige, hölzerne Rechenschieber konnten nur aus Elsbeerenholz gefertigt werden. Wer braucht denn heute noch so ein hölzernes Rechengerät?

Aber die Elsbeere kann noch mehr. Aus den kleinen, apfelartigen Früchten verstehen sowohl die Elsässer als auch die Niederösterreicher und der bekannte Jäger und Schnapsbrenner Hans Reisetbauer aus Oberösterreich einen ganz vortrefflichen Schnaps zu brennen, den Alisier bzw. den Elsbeerenbrand oder »Oadlatzbeerschaps«.

So einen Baum wollte ich haben. Ich musste nicht lange warten. Ein botanisch firmer Freund hatte extra für mich in seinem kleinen Besitz im Wienerwald zwei kleine, eintriebige Elsbeeren ausgegraben, die ich sehr erwartungsvoll auf unserem Grundstück einpflanzte. Vier Jahre haben sich die Elsbeeren in ihrer neuen niederbayrischen Heimat wohlgefühlt und zunächst prächtig entwickelt, aber dann verloren sie noch im Sommer ihre Blätter und gaben ihren Geist auf. Im folgenden Frühjahr trieben sie nicht mehr aus und schweren Herzens sägte ich die daumendicken Stämmchen ab.

Bei genauer Betrachtung wäre es mit dem Elsbeerenbrand sowieso nie etwas geworden, denn für zwei Liter Schnaps benötigt man einhundert Liter Maische, und Früchte trägt die »Schöne Else« erst im reifen Alter.

Gern hätte ich einmal für einen besonderen Jagdgast ein vierblättriges Zweiglein als Erlegerbruch von meiner selbst gezogenen Elsbeere geopfert. Aber die Wahrscheinlichkeit, dass in meinem Revier, wo Sauen nur sporadisch vorkommen, ein Schütze von einem Stand aus viermal Waidmannsheil hat, ist eher unwahrscheinlich. Im letzten Herbst habe ich einen neuerlichen Pflanzversuch gestartet. Mal sehen, ob die schöne Else in diesem Frühjahr meine Bemühungen belohnt.

TEAMWORK

JETZT TRAINIEREN ODER BESSER GESAGT LAUFEN sie wieder, die Alaskan Huskies. Jeden Abend nach Einbruch der Dunkelheit spannt Thomas, einer der profiliertesten Musher Deutschlands, seine zwölf Schlittenhunde ein und absolviert die tägliche Trainingseinheit. Das weitverzweigte Wegenetz in meinem Revier ist für ihn ein geradezu idealer Platz, um das Gespann, wie alle Jahre, auf eines der härtesten Schlittenhunderennen in Skandinavien vorzubereiten. Die Rehe haben sich an die in der Nacht beinahe lautlos über den Schnee dahinschwebenden Vierbeiner längst gewöhnt, und so habe ich nichts dagegen, dass Thomas einspannt, sobald das Büchsenlicht geschwunden ist.

Einmal durfte ich, sozusagen als Ballast, eine nicht ganz ungefährliche nächtliche Runde mitfahren und konnte erleben, wie passioniert sich die Vierbeiner ins Zeug legen und wie sensibel der Leithund auf die leisen, kaum vernehmbaren Kommandos des Führers reagiert. Die Tiere scheinen hoch konzentriert und man glaubt zu spüren, mit welch großer Freude sie als Mitglied eines Teams bei der Sache sind. Man täte ihnen Unrecht zu glauben, es sei der bloße Bewegungsdrang, der sie antreibt. Ich denke, sie wissen längst, dass sie für ein bestimmtes Ziel trainieren und dass sie siegen wollen.

Während der letzten Wochen hatte ich bei den Drückjagden auf Schwarzwild wieder einmal reichlich Gelegenheit, die professionelle Arbeit der Hundeführer mit ihren Stöberhund-Meuten zu erleben. Auch bei diesen vierbeinigen Helfern bedarf es eines intensiven Trainings, um dem sehr anstrengenden und oft sehr gefährlichen, ja lebensgefährlichen Auftrag gerecht zu werden. Es ist immer wieder ein ganz besonderer Moment, wenn nach längerem Warten endlich der giftige, wild verheißende Laut eines Hundes zu vernehmen ist und im Näherkommen des »Jiff, jiff!« der Puls und die Spannung steigen.

Thomas' Hunde ziehen mich mit meinen nahezu hundert Kilo durchs Revier, und hier ist es ein kleiner Terrier, der sich mächtig ins Zeug legt, um mir den Fuchs oder die Sau vor die Büchse zu treiben. Ganz selbstlos macht

Ohne seine Passion und Tapferkeit sowie die seiner »Arbeitskollegen« wären wir den Sauen gegenüber chancenlos.

der Terrier das nicht. Es ist sicher eine ganz gewaltige Portion angewölften Jagdtriebs, die den kleinen rauhaarigen Gesellen zur kräftezehrenden Hetze motiviert.

Bei einem erfahrenen Stöberhund, wage ich zu sagen, ist da aber auch noch eine andere Triebfeder im Spiel, nämlich der feste Wille, seinem Herrn die Beute zuzutreiben. Ich bin fest davon überzeugt, dass solche Meutehunde nicht nur blind dem hochgemachten Fuchs oder der aufgebrachten Sau folgen, sondern dass sie dabei strategische Überlegungen anstellen und sich als Mitglied eines gemeinsam agierenden Teams fühlen, dabei wohl auch immer die Pfiffe und Rufe des Hundeführers wahrnehmen, ihnen aber, wenn es der Sache dienlich ist, nicht sofort Folge leisten.

So einem laut jagenden, besonderen Vierbeiner bin ich einmal im Spessart begegnet. Ich saß auf meinem Dreibein, den Repetierer an eine dicke Buche gelehnt und kramte in aller Seelenruhe in meinem voluminösen Rucksack nach der Thermoskanne und den Wurstsemmeln. Von der noch weit entfernten Treiberwehr war nichts zu hören und so glaubte ich nach einstündigem Ausharren, gemütlich Brotzeit machen zu können, als plötzlich der giftige, schnell näherkommende Hetzlaut eines Hundes zu vernehmen war. Schon überfielen zwei Überläufer die eigentlich gut einzusehende, breite Schneise. Eben noch in Gedanken an dick mit Wurst belegte Semmeln und nun in Sekundenschnelle zwei flüchtige Ziele erfassen? Das konnte nichts werden.

Kaum waren die fehlgegangen Schüsse verhallt, da tauchte auch schon der kläffende und hechelnde Hund vor mir auf. Der Moment, den ich nun erlebte, war einzigartig und wird mir immer in sehr lebhafter Erinnerung bleiben. Mir wurde da so richtig klar, von was für einem großen Teamgeist die Arbeit der Meutehunde geprägt ist. Ich als Schütze war ein wenn auch nur kleiner Teil dieses Teams und ich hatte versagt. Nun ereignete sich etwas Eigenartiges und durch und durch Menschliches. Als mich der mutige und kampfeslustige kleine Jack-Russell-Terrier-Rüde etwas ratlos da stehen sah, ließ er von der Fluchtfährte ab, kam auf mich zu und blickte mich aus ein paar Metern Entfernung so vorwurfsvoll an, als wollte er sagen: »Du Trottel, ich reiß mir hier die Beine aus dem Leib und du funkst vorbei!«

Ich hatte fast ein wenig ein schlechtes Gewissen und wollte den kleinen Kerl in seiner signalroten Schutzweste tröstend abliebeln. Er kam auch ganz dicht heran, und eh ich reagieren konnte, hatte er das Bein gehoben und mit drei kräftigen Spritzen meinen Rucksack angepisst. Dann machte er kehrt und stürzte sich wieder ins Getümmel des näherkommenden Treibens.

Das war nur ein Beispiel menschlichen Verhaltens bei Hunden. Geht es uns nicht auch so, dass wir gern so manchen Zeitgenossen mal ans Bein pissen wollen?

MIT HERZ JAGEN

»Solange wir Jäger die mahnende Stimme unseres Gewissens hören, tun wir gut daran, ihr zu folgen.«

DIE SPRECHENDE MEDIZIN will heißen eine Therapie, die durch ein vertrauensvolles Gespräch mit dem Patienten geprägt ist, droht in der Hektik einer zunehmend an Bedeutung gewinnenden, sogenannten Apparatemedizin in den Hintergrund gedrängt zu werden. Dabei kann ein Gespräch oft so aufschlussreich und auch heilsam sein, für beide Seiten.

Es gehört zu meinem Beruf, dass ich oft zu alten Menschen in Pflegeheimen gerufen werde, auch zu solchen, die zwar schon sehr gebrechlich, aber dennoch wach im Geiste sind. Mit diesen an vielfältigen Erfahrungen reichen Bewohnern am Ende ihres Lebens ein Gespräch zu führen, ihnen zuhören zu dürfen, ist für mich oft nicht nur unterhaltsam, sondern auch sehr lehrreich und wertvoll. Es sind Geschichten aus der alten Heimat, vom Krieg, vom Leben auf dem Land, wie es früher war, und natürlich auch Schilderungen der körperlichen Gebrechen. Und meist schließen die Erzähler resignierend mit den Worten: »Auf's Altwerden brauchst' dich nicht freu'n!«

Erst vor wenigen Tagen hatte ich in einem Heim die Begegnung mit einem hochbetagten Bewohner, den ich noch nicht kannte, dessen Name mir aber im Zusammenhang mit der Jagd durchaus geläufig war. Ein großer Jäger war er, der in vielen Jagdländern europaweit seiner Passion nachgegangen war und, wie man erzählte, über eine ansehnliche Trophäensammlung verfügen sollte. Er wurde von einem meiner Kollegen betreut, aber dennoch nahm ich mir etwas Zeit für ihn, setzte mich auf seine Bettkante und begrüßte ihn, um ihn von der Harmlosigkeit meines Besuches zu überzeugen und sein Vertrauen zu gewinnen, mit »Waidmannsheil«.

Wenn wir dem Wild Aug' in Aug' gegenüberstehen, dürfen wir Selbstzweifel zulassen.

Mit leiser, heiserer Stimme und einer geringschätzend abwehrenden Handbewegung antwortete er: »Das ist längst vorbei, das war einmal«. Und ohne mich eines Blickes zu würdigen, drehte er sich schwerfällig in seinem Bett, wandte mir den Rücken zu und starrte gegen die Wand, deren einziger Schmuck ein vorjähriger Kalender, die Werbung eines Heizöllieferanten, war. Mit der Schilderung eines Erlebnisses aus der nur wenige Wochen zurückliegenden Hirschbrunft versuchte ich, sein Interesse zu wecken, beschrieb ihm in allen Einzelheiten den Hirsch, den ich erlegen konnte, doch das alles schien ihn nicht zu interessieren. Wieso auch, wo er doch selbst in seinem ehemaligen Zuhause die Wände voller Geweihe hängen hatte.

Nach langem Schweigen wandte er sich doch wieder mir zu, sah mir lange in die Augen und sagte mit einem nicht zu überhörenden, etwas verächtlichen Unterton: »Bravo, Waidmannsheil! Ich könnte das nicht mehr. Ich brächte es nicht mehr fertig, ein Tier zu töten. Ich brächte es nicht mehr übers Herz!« Fast etwas beschämt setzte ich meine Visite fort, nicht ohne mich von ihm zu verabschieden, wohlweislich den Waidmannsgruß unterlassend.

Lange habe ich über diese Begegnung nachgedacht, über das Phänomen, dass sich ein ehemals passionierter Jäger vom Saulus zum Paulus wandelt. Es muss etwas mit dem Alter zu tun haben. Vielleicht mit einer Altersdepression? Nein, ich glaube vielmehr, dass es die Weisheit des Alters ist, die in der letzten Lebensphase einen Menschen noch kritischer, selbstkritischer werden lässt, der nun als Jäger vielleicht auch erkennt, dass er sein jagdliches Handwerk oftmals gewissenlos betrieben, seine Gier nicht gezügelt hat, dass er wohl ein guter Schütze, aber kein guter Jäger war. Was ist ein guter Jäger? Der Jagdphilosoph Ortega y Gasset liefert uns dafür eine der treffendsten Erklärungen, wenn er sagt: »Zum guten Jäger gehört die Unruhe im Gewissen angesichts des Todes, den er dem bezaubernden Tier bringt.«

Das Sprichwort »Ein gutes Gewissen ist ein gutes Ruhekissen« bedarf keiner besonderen Interpretation. Jeder wird die Vorzüge des guten Gewissens oder die Nachteile eines schlechten Gewissens schon einmal am eigenen Leib erfahren haben. Jeder Mensch, der Jäger als einer, der Tiere tötet, vielleicht in ganz besonderem Maße, tut gut daran, bei wichtigen Entscheidungen auf seine innere Stimme, auf die Stimme seines Gewissens zu hören. Es wäre fatal, wenn wir als Jäger dazu neigten, die Stimme des Gewissens zu unterdrücken, uns als die Krone der Schöpfung ansähen und uns dabei auf den Satz aus dem Alten Testament beriefen, wo es heißt: »Macht euch die Erde untertan«. Seit wir einen sehr ökologisch ausgerichteten Papst Franziskus haben, wissen wir, dass dieser Satz lange Zeit falsch interpretiert wurde und richtig lauten muss: »Macht euch *der* Erde untertan«.

Es gibt etliche theologische Abhandlungen darüber, dass wir Menschen Tiere töten dürfen, dass wir ruhigen Gewissens jagen dürfen. Welch großes Vertrauen setzt man da in uns Jäger. Ein Patentrezept für ethisch einwandfreies Jagen gibt es nicht. Aber ich denke da an den Bewohner des Altenheimes, der heute sagt, er brächte es nicht mehr über's Herz, ein Tier zu töten.

Dieses Herz ist nichts anderes als das Gewissen. Wenn wir heute in Situationen kommen, wo wir es nicht über's Herz bringen, den Finger krumm zu machen, dann sollten wir ihn gerade lassen. So können wir auch am Ende unseres Lebens unseren Enkeln und Urenkeln ruhigen Gewissens von der Jagd erzählen, von unserer Jagd, und sie zum Staunen bringen.

WIEDER AUFGETAUCHT

»Ein vertrauter Anblick bleibt plötzlich verwehrt, weil der Hauptdarsteller die Bühne verlassen hat. Für immer?«

SELTEN HAT MICH DIE STIMME EINES VOGELS so gebannt wie der nächtliche, virtuose Gesang des Sumpfrohrsängers. Es genügte ein im Lauf von ein paar Monaten entstandenes, nur wenige Quadratmeter großes, vom Wasser der Stalldachrinne gespeistes Feuchtbiotop, um den kleinen, aus dem fernen Afrika heimkehrenden gefiederten Sänger zum Bleiben zu bewegen. Für nur wenige Augenblicke zeigte er sich, wenn er am Tage zwischen den Schilfhalmen und dem Gezweig der Erlen sein Lied trillerte und dabei keck die Stimmen anderer Vögel imitierte. Nachts glaubte ich, er wollte mich mit dem Nachahmen einer Nachtigall in die Irre führen.

Im folgenden Jahr wartete ich ab Mai vergeblich auf einen Auftritt des keinen Sangeskünstlers. Er kam auch in den Folgejahren nie wieder. Was hat ihm bei uns missfallen? Die Katzen? Die Hunde? Man macht sich da schon Gedanken und kommt dennoch zu keiner folgerichtigen Erklärung. Taucht ein über Jahre im Revier bestätigter Bock nicht mehr auf, dann sieht man im Geiste sein gebleichtes Gehörn schon an der Trophäenwand des Jagdnachbarn hängen, wenngleich es viele andere Gründe und Beweggründe für sein Verschwinden oder Untertauchen geben kann, die wir oft gar nicht in Betracht ziehen.

Gegen Ende der Hirschbrunft war ich wieder einmal mit Christopher unterwegs, um im Bergrevier eines Freundes Hirsche zu verlusen. Abrupt stoppte der Jäger bei einer Pirschfahrt durch das steile Berggelände seinen Wagen, stieg bei laufendem Motor aus, zog hastig sein Spektiv auseinander und richtete es weit nach oben in einen schmalen, nur schlecht einsehbaren

Lahner, wo ein zweifellos kranker, kapitaler Hirsch Mühe hatte, die steile Rinne zu überqueren und schließlich für uns überriegelt war.

»Der Prinz, der Prinz. Ja, schau dir des a! Der Prinz is wieder da!«, hörte ich den Jäger immer wieder vor sich hinsagen und dann hinzufügen: »Oh Gott, der Ärmste!« Wenige Sekunden reichten dem erfahrenen Jäger, um den schwerkranken Hirsch an ganz bestimmten, sich nach jedem Geweihwechsel erhaltenen markanten Merkmalen der Stangen als den Vermissten zu erkennen. Oft hatte mir der Jäger von ihm erzählt.

Über zwei Jahre hatte Christopher »Prinz« nicht gesehen, weder während der Brunft noch im Winter an der Fütterung. Nun war er völlig abgekommen nach langer Zeit wieder aufgetaucht.

Wir kannten jetzt seinen Einstand und hatten den Auftrag des Jagdherrn, alles daran zu setzen, um dem edlen Tier ein weiteres Leiden zu ersparen. Weit konnte er nicht gekommen sein. Möglicherweise hatte er sich am

Wen das Lied des Sumpfrohrsängers einmal in den Schlaf begleitet hat, der will es immer wieder hören.

Brunftbetrieb gar nicht mehr beteiligt und nun droben im Bergwald niedergetan, wo er weitab von den drohenden Rufen der Nebenbuhler langsam in die ewigen Jagdgründe hinüberdämmerte. Schon am nächsten Abend bezogen wir einen Bodensitz in der Nähe des Ortes, an dem wir Prinz vermuteten. Als ob es gälte, das seit Tagen andauernde Brunftkonzert mit einem besonders heftigen Finale zu beenden, schienen sich drunten im Tal die Hirsche mit ihren zornigen Stimmen gegenseitig übertönen zu wollen.

Zwei Kolkraben ruderten im Abendhimmel über uns hinweg. »Schau, die san scho da, die Leichenfledderer« meinte Christopher mit ernster Miene. Sonst war hier heroben alles ruhig.

In diesem fast ein wenig bedrückend stillen Moment tauchte Prinz keine fünfzig Meter vor uns auf. Nur sehr mühsam kam er vorwärts. Seine Gelenke waren kolbig aufgetrieben und es schien, als hätte er nicht mehr die Kraft, die schwere Last seines stattlichen, vierzehnendigen Geweihes zu tragen. Eigentlich hätte er Wind von uns bekommen müssen, aber offenbar negierte er unsere Anwesenheit und blieb, mir ein leichtes Ziel bietend, einfach stehen. Christopher nickte mir zu und im Schuss verendete der einst so stolze Geweihte.

Wo, in welchen Revieren mag er sich während der letzten zwei Jahre herumgetrieben und versteckt gehalten haben? Hatte er vielleicht Christophers Revier gar nie verlassen und war hier bei einem erbarmungslosen Kampf mit einem Nebenbuhler geforkelt worden? War er vielleicht abgestürzt und dann schwer verletzt untergetaucht? Viele Rätsel der Natur vermögen wir auch im Zeitalter von Telemetrie und aller anderen uns zur Verfügung stehenden technischen Raffinessen nicht zu lösen.

In der Brunft werden immer wieder einmal neue Hirsche irgendwo auftauchen, hier ihre Gene weitervererben und im Frühjahr, ihre Abwürfe zurücklassend, dann wieder verschwinden. Wenn man als Jäger über Jahre diesen ewigen Kreislauf miterleben darf, dann findet man die Worte Fritz Bleys bestätigt, der sagt: »Der Hirsch ist und bleibt das Sinnbild des Ewigkeitsgedankens. Denn im unaufhörlichen, der Vervollkommnung zustrebenden Geweihwechsel des Hirsches sah die Menschheit seit ihren Kindheitstagen das untrügliche Zeichen ewiger Wiederkehr.«

Die Hoffnung auf die Wiederkehr eines Sumpfrohrsängers habe ich noch nicht aufgegeben.

BAUCHGEFÜHL

Ob Chancen, Beute oder Verzicht – im Laufe der Jahre vertrauen wir Jäger der inneren Stimme immer mehr.

EIGENTLICH HÄTTE ICH GETROST in der Hütte ausschlafen können, denn mein »Bauchgefühl« sagt mir, dass sich der mir freigegebene Dreierhirsch heute nicht zeigen wird und dass ich heute nichts erlegen werde. Mein »Bauchgefühl« – vielleicht bilde ich mir das aber auch nur ein – hat mich noch nie betrogen und deshalb folge ich ihm auch. Was soll's? Schön ist es allemal, hier am Schlag zu sitzen und den Aufgang der Sonne zu erleben.

Man sagt so schön »aus dem Bauch heraus«, aber diese scheinbare Gewissheit, die mich in meinem Handeln so gern leitet, kommt mit Sicherheit nicht aus dem Gedärm, sondern aus dem voller Geheimnisse steckenden Hirnkastl. Als Jäger, der bei seinem Tun alle Sinne einsetzen muss, erwirbt man im Lauf vieler Jahre im Umgang mit den Wildtieren eine ganz besondere Sensibilität für deren Verhaltensweisen. Dieses anfangs von Emotionen noch freie Feingefühl hat sich bei mir zu einer Empathie entwickelt, die mein jägerisches Tun stark beeinflusst. Zugegeben, dieses Hören auf den Bauch oder die innere Stimme kann auch ganz schön hinderlich sein, was sich letztlich, aber doch nicht merklich, in der Streckenliste niederschlagen kann. Da sitzt man über mehrere Wochen auf einen bestimmten Bock an, um ihn dann, wenn er sich endlich zeigt, zu pardonieren, weil just in diesem Moment der Bauch, will heißen das Hirn (oder ist es vielleicht doch eher das Herz?) sagt, »lass ihn laufen«. Ludwig B. Freiherr von Cramer-Klett outet sich in einer seiner Erzählungen als ein Jäger voller Empathie, wenn er schreibt, wie sich plötzlich in ihm etwas auflehnt gegen das Töten. An anderer Stelle fordert er vom höchsten Richter, sollte der ihn wegen der vielen

Tiere, die er im Lauf seines Jägerlebens erlegt hat, zur Rechenschaft ziehen, dass auch all die Wildtiere zu seiner Verteidigung vorgeladen würden, bei denen er es nicht übers Herz brachte, den Finger krumm zu machen.

Es macht heute auch keinen Sinn, den Hirsch mithilfe von Telepathie zu bewegen, auf den Schlag zu ziehen. Ob das bei Tieren überhaupt geht, Gedanken zu übertragen? Bei einem Hund vielleicht schon eher, aber beim Hirsch? Oft glaube ich, und wahrscheinlich ist auch das wiederum nur Einbildung, über telepathische Kräfte zu verfügen, insbesondere dann, wenn ich, aus welchen Gründen auch immer, an jemanden denke, den ich lange nicht gesprochen oder gesehen habe und noch am gleichen Tag von ihm einen Anruf oder sonst eine Mitteilung erhalte.

Die Wildbiologen versehen heute Hirsch, Luchs und Reh mit Sendern und fahren neugierig ihre Antennen aus. Wertvollste wissenschaftliche Erkenntnisse bekommen wir so geliefert und fühlen uns einmal mehr als die Krone der Schöpfung, ohne überhaupt eine Ahnung zu haben, über welche Antennen die Tiere verfügen, über die sie Informationen erhalten, die uns hoch technisierten, allwissenden Menschen verborgen bleiben.

Auf einer Wanderung zu einer Hochalm im Salzburger Land hat mich der Jäger Otto einmal auf ein ganz besonderes Marterl aufmerksam gemacht. Es zeigt, durch eine Glasscheibe geschützt, das schon leicht verblichene Bild der Gottesmutter, geschmückt mit Silberdisteln und frischen Latschenzweigen. Bauern haben es vor vielen Jahrzehnten zum Dank für wundersame Rettung an der Stelle errichtet, wo der enge Almweg am Fuß einer steilen Wand entlangführt. Es war einst im September, als noch vor dem geplanten Almabtrieb ein nächtlicher Wetterumsturz mit Sturm und heftigen Schneefällen die Bauern zwang, die Kühe, die nun kein Futter mehr fanden, ins Tal zu treiben.

Der Abschied von der Alm, sonst eher beschaulich und romantisch, musste schnell gehen und verlief trotz der hohen Schneelage zunächst reibungslos. An der Stelle jedoch, wo der Weg die steile Wand passiert, kam die Karawane plötzlich ins Stocken. Weder mit lauten, ermunternden Zurufen, gefolgt von wortgewaltigen Flüchen, noch mit Stockschlägen auf ihren Rücken war die Leitkuh dazu zu bewegen, auch nur einen Schritt zu tun, obwohl der Weg frei war. Es muss eine für uns Menschen rätselhafte, der Kuh innenwohnende Antenne gewesen sein, eine geheimnisvolle Kraft, die sie zu diesem Verhalten bewog und somit Vieh und Bauern davor bewahrte, von der gewaltigen

Lawine begraben zu werden, die unvorhersehbar plötzlich, Baum und Strauch mit sich reißend, den Weg mit Schnee und Geröll verschüttete.

Auch mein Hirsch scheint seine Antennen auf Empfang gestellt zu haben. Der Wind ist gut, kein verräterischer Hauch, aber der Geweihte scheint meine Signale aufzunehmen. Er scheint mich zu fühlen, meine Gedanken über einen geheimnisvollen Code zu enträtseln und die Gefahr zu spüren, die von mir ausgeht. Mein »Bauchgefühl« sagt mir, dass es sinnvoller ist, abzubaumen. In diesem Fall kommt meine Entscheidung jetzt wirklich weniger aus dem Hirn als viel mehr aus dem Bauch. Mein Magen knurrt nämlich – und in der Hütte warten Rühreier mit Speck.

Auf den Hirsch warten und bei seinem plötzlichen Auftauchen dennoch freudig erschrecken – ein Glücksmoment

VON DER FREIHEIT, DIE AUF DEN BERGEN WOHNEN SOLL

WENN BEI FÖHN die schneebedeckten Gipfel des Dachsteins und des Watzmanns in mein niederbayrisches Revier herübergrüßen, geht mein Herz auf, wie man so schön sagt. Wunderbare Erinnerungen werden wach und ich sehe Bilder der urigen, Geborgenheit ausstrahlenden Hütte, höre das Knistern und Knacken der angefachten Holzscheiter im Herd und rieche den harzigen Rauch, der aus dem Kamin emporsteigt und vom Südwind über die Schlucht des Wurzgraben hinweggetragen wird.

Die Bergjagd hat nicht nur ihre eigenen Gesetze, sondern auch einen ganz besonderen Reiz, dem sich wohl kaum ein Jäger entziehen kann, sofern er der Natur mit Respekt und Demut begegnet. Eugen Wyler spricht dabei von einem Alleingang in still genießendem Einsamsein. Für den Schweizer Jagdphilosophen bedeutet die Jagd im Berg grenzenlose Freiheit, will heißen, frei zu sein von Gier nach Beute und verschont von Besserwissern, die glauben, einem sagen zu müssen, was man zu tun oder zu lassen hat. »Auf den Bergen wohnt die Freiheit«, heißt es im König-Ludwig-Lied und die Volksmusik wird nicht müde, im Lied über den Wildschütz Jennerwein immer wieder die Freiheit, die angeblich auf den Bergen wohnt, zu verherrlichen.

»Erinnerung malt mit goldenem Pinsel«, sagt ein chinesisches Sprichwort. So neige auch ich gern dazu, in meinen Erinnerungen von der Jagd im Berg ein romantisch verklärtes Bild zu malen. Vielköpfige, kerngesunde Gamsrudel gehen mir durch den Kopf, die von starkkruckigen, alten Böcken, unter denen man sich den ältesten zum Abschuss nur auszusuchen braucht, gegen Nebenbuhler verteidigt werden. Ganz so mühelos und einfach schien es doch nicht immer zugegangen zu sein. Von eitel Freude und Sonnenschein ganz zu schweigen.

Als der Jäger Toni, mit dem ich über viele Jahre im Gebiet um den Wurzgraben Gams jagern durfte, hochbetagt in ein Pflegeheim kam, bat er mich, vom Dachboden seines kleinen Häuschens einen dort seit vielen Jahrzehnten lagernden Karton an mich zu nehmen, dessen Inhalt ich gern behalten

Von hoher Warte bewacht der Gamsbock sein Rudel in der Brunft.

dürfte. Ich fand darin über dreißig verstaubte Krucken von Gamsgeißen und Böcken, die man wegen ihrer guten Veranlagung eigentlich besser hätte leben lassen sollen. Warum hatte Toni diese Trophäen nicht im Stiegenhaus aufgehängt? Wollte er sich wegen der Fehlabschüsse nicht bei Besuchern blamieren? Bei genauer Betrachtung der zum Teil vergilbten und von Mäusen angenagten Trophäenanhänger fand ich des Rätsels Lösung: Die roten Stempel »Räude« waren nicht zu übersehen.

Toni erzählte mir dann von der über vierzig Jahre zurückliegenden verheerenden Seuche, die sein Revier heimgesucht hatte und ihn nötigte, tagtäglich im Revier nach den von der Räudemilbe befallenen, schrecklich zugerichteten und leidenden Gams zu schauen und sie oft auf unglaublich weite Entfernungen zu erlösen. Versteckt hat Toni die Krucken nicht. Er hat sie weggesteckt, um nicht ständig an die Seuche erinnert zu werden. Ein frohes, unbeschwertes Jagen in der auf den Bergen wohnenden Freiheit konnte er damit nicht in Verbindung bringen. Der Parasit hatte ihn zu tun gezwungen, was er tat. Durch seinen unermüdlichen Einsatz war Tonis befallenes Gebiet nach zwei Jahren frei von der Seuche. Er hatte den Gamsbestand saniert.

In meiner Hütte hängen die Krucken eines Gamsbockes, den ich viele Jahre später in einem anderen Bergrevier erlegen durfte. Die schwarz glänzenden, kaum verpichten Schläuche weisen eine außergewöhnliche Stärke auf, die Auslage misst annähernd zwölf Zentimeter. Der alte Jäger Wolfgang führte mich damals an einem spätherbstlichen Tag auf den Bock. Die Silberdisteln auf der Alm hatten schon ihren Glanz verloren und waren vom mittlerweile zu Tal getriebenen Weidevieh zertreten.

»Du kannst ois schiassn! Bock oder Goaß, egal, ois is frei!« Diese aufmunternden Worte des Jägers stimmten mich zuversichtlich und da war sie wieder, wie schon so oft, diese Stimmung, dieses Gefühl von Zufriedenheit und Freiheit, die Bergfreiheit.

Der Bock kam und lag im Feuer. Das Abtasten und Abzählen der Jahresringe mit dem Daumennagel ging schnell. Nur vier Jahre hatte sich der gut veranlagte Gams seines Lebens freuen dürfen, bis ihn meine Kugel streckte. Ein glatter Fehlabschuss? Wolfgang wäre ein schlechter Jäger gewesen, hätte er nicht bemerkt, wie sich bei mir nach anfänglicher Freude Bedenken breit machten. Freudig überreichte mir der stets herzlich zugeneigte Jäger den Latschenbruch, zuckte, eine gewisse Ratlosigkeit ausdrückend, mit den Schultern und meinte: »Wir jagen hier in einem Sanierungsgebiet, da passt alles! Hier gilt Zahl vor Wahl.«

Nicht die Sorge um den Erhalt eines gesunden Gamsbestandes war hier vom Jäger gefordert. Hier erwartete man von ihm eine scharfe Bejagung des Gamswildes zum Schutz des Bergwaldes, als gelte es, einen Parasiten des Waldes rigoros auszumerzen. Hier war der Bergjäger seiner Entscheidungsfreiheit beraubt, ein Wildtier zu pardonieren, es leben zu lassen. Ob ich dem Bergwald mit dem Abschuss dieses jungen, sehr gut veranlagten Bocks etwas Gutes getan habe? Wenn ja, dann wäre es ein kleiner Trost.

Wir präsentierten den Gamsbock drunten im Tal dem stets großzügigen Freund und Jagdherrn. Er wünschte mir von Herzen Waidmannsheil, konnte sich aber die Bemerkung nicht verkneifen: »Wenn ich meinem Vater so einen Bock vom Berg heruntergebracht hätte, dann hätt' er mir a Watsch'n geben«.

Ja, auch der Bergjäger gerät immer wieder in Situationen, in denen er spürt, dass auch seine Freiheit nicht grenzenlos ist.

IM HIER UND JETZT

> *Manche Hirsche dürfen in einer heilen Welt alt werden. Auch ihr Schicksal kann aber nachdenklich stimmen.*

DIE TAGE WÄHREND DER HIRSCHBRUNFT auf Hörand gehören zu den beglückendsten Tagen, die das Jagdjahr für mich immer wieder bereithält. Gern neige ich dazu, in Erinnerungen zu schwelgen, um Erlebnisse und Begegnungen aus längst vergangenen Tagen wieder heraufzubeschwören und wieder das Gefühl von damals zu erleben. Heute aber ist alles gegenwärtig. Ich bin mittendrin in einer Welt, in einer heilen Welt, die es tatsächlich immer noch gibt. Man muss sie nur zu finden gewillt sein.

Die frühherbstliche Sonne hat schon deutlich an Kraft verloren, aber ihre noch wärmenden Strahlen vertreiben den Nebel und geben die Gipfel des großen Buchsteins frei. In wenigen Tagen wird das Jungvieh von der steirischen Alm zu Tal getrieben und das rhythmische Klingeln ihrer um den Hals baumelnden Glocken danach verstummt sein. Noch mehrfach am Tag kommen die Rotbunten gemächlich zu meiner Hütte geschritten, um aus dem Brunnentrog zu schöpfen. Das dort eingekühlte Bier stört sie nicht. Aus dunklen Augen schauen sie mich und meine Hunde neugierig an, wenngleich sie sich schon an uns gewöhnt haben müssten. Ich werde sie ein wenig vermissen.

»Carpe diem«, nutze den Tag, denke ich mir. Sauge alles auf, halte alles fest, alles ist einmalig und unwiederbringlich. Die Nacht in der Hütte war kurz und der Rauch von der offenen Feuerstelle in der einer Räucherkammer ähnelnden Bergjägerbehausung hat sich in meinem Wolljanker, in meinen und den Haaren der Hunde festgesetzt. Kuhdung, harziger Holzrauch und das Aroma des mit Rum verfeinerten Tees aus klobiger, henkelloser Tasse beflügeln meine Sinnlichkeit, die mich noch tiefer eintauchen lässt in eine wunderbare Welt.

Die Kühe sind wieder im Tal, die Nebel steigen auf, es riecht nach Brunft. Die Alm ist ein Ort der Kraft.

Das Vieh hat den morastigen Boden um den Brunnentrog herum aufgewühlt. Deutlich zeichnet sich unter den Klauentritten der Rinder auch die Fährte des Hirsches ab, der in der vergangenen Nacht seinem kleinen Brunftrudel bis hinauf zur Hütte gefolgt ist und mich, wie schon so oft, mit seinem stimmgewaltigen Röhren eigenartig berührte. Neurowissenschaftler haben dieses Phänomen des Schauers, der einem in einem solchen Moment über den Rücken läuft, und was sich dabei in unserem Gehirn abspielt, längst erforscht. Ich glaube nicht, dass man über diese dort ablaufenden, biochemischen Prozesse Bescheid wissen muss, um diese Faszination zu erleben.

Nur schemenhaft konnte ich in der Sternenacht bei einem vorsichtigen Blick durch den Türspalt seine Silhouette ausmachen. Ich kenne ihn seit zwei Jahren. Zwei starke Dreierkronen zieren das Haupt des Zwölfenders. Christian, der Jäger, hatte ihn die Jahre zuvor mehrfach fotografiert und seine Entwicklung lückenlos dokumentiert. Zwölf Jahre hat der Geweihte auf dem

Rücken. Ihm ist es vergönnt, seine Fährte in einem 12.000 Hektar großen Waldgebirge ziehen zu dürfen, das vor über zwanzig Jahren zum Nationalpark umgewidmet wurde und seitdem jagdwirtschaftlich nicht mehr genutzt wird. Das Schalenwild wird hier von beeidetem Fachpersonal im Rahmen eines Schalenwildmonitorings betreut und der Bestand den Zielsetzungen der Parkverwaltung angepasst.

Verschont vom aufheulenden Lärm der früher hier noch zum Einsatz gekommenen Motorsägen, konnte der Hirsch Jahr um Jahr in der Feistzeit für die anstrengenden Tage der Brunft Kraft sammeln. Nie war er all die Jahre der Gefahr ausgesetzt, von der Kugel eines zahlungskräftigen Abschussnehmers in die ewigen Jagdgründe befördert zu werden und nie hat man dem Gewicht seines Geweihs mehr Beachtung geschenkt als seiner ursprünglichen Schönheit, seiner edlen Erscheinung und seinem Wohlergehen.

Der Tod bedeutet für ein Tier nichts. Es weiß nichts über die Endlichkeit seines Seins. Ein schönes, ungestörtes Leben in einem artgerechten Lebensraum will der Hirsch haben. In einem Nationalpark findet er diese für ihn heile Welt. Christian zeigte mir Fotos von sehr alten Hirschen, die in jagdlich genutzten Revieren gar nicht mehr zu finden sind. Hirsche vom zwanzigsten Kopf und älter, deren Stangen nichts mehr von ihrer einstigen Pracht haben und deren Körper deutlich die Zeichen eines alternden Tieres zeigen.

Wie wird er wohl einmal enden, der Zwölfer von der Alm, der heute sein Rudel schon in den Schutz des Bergwalds getrieben hat und dessen Stimme auch jetzt am späten Morgen noch zu hören ist? Wird ihm die Gnade eines natürlichen Todes vergönnt sein? Wird er abseits vom Brunftlärm im Schutze einer Schirmfichte einfach einmal hinüberdämmern dürfen? Schön wär's.

Auch das Leben in einem Nationalpark ist kein Garant für einen natürlichen Tod, der auch grausam sein kann. Wenn der Hirsch entscheiden könnte, lieber altersschwach das Opfer eines Wolfsrudels zu werden oder doch lieber in den Tagen der Brunft von einer sauberen Kugel blitzartig gestreckt zu werden, wie würde er sich entscheiden? Das sind Gedanken, die mich gerade heute bewegen. Ich bin froh, dass mein Bergstutzen zu Hause im Schrank steht. Meine Farben, Pinsel und Aquarellpapier habe ich immer dabei. Das Glücksgefühl unter den noch zu vernehmenden Brunftschreien, die sich auflösenden Nebel und die Stimmung im Bild festzuhalten zu dürfen, ist nicht steigerungsfähig.

ALMABTRIEB

DAS ROTWILD scheint es kaum erwarten zu können, bis auch die letzte Kuh die Bühne auf der Scheim-Alm verlassen hat. Gestern hat der Bauer die vielköpfige Herde rotbunter Rinder zu Tal gebracht. An dem vertrauten, immer leiser zu vernehmenden, vielstimmigen Klang der um ihren Hals baumelnden Glocken konnte man ihren Abstieg hinunter ins Tal akustisch verfolgen, bis er schließlich verstummte. Abschiedsstimmung und fast ein wenig Wehmut über das Ende des Bergsommers machte sich breit.

Der Abtrieb des Viehs läuft hier seit Generationen völlig unspektakulär ab und löst nicht, wie in den meisten Fremdenverkehrsorten, einen »Auftrieb« von mit Bussen herangekarrten Touristen aus. Den Kühen bleibt es erspart, besonders herausgeputzt und mit bunten Bändern und Plastikblumen in grellen bunten Farben aus dem Schießbudenbedarf geschmückt zu werden. Auch der Michi verzichtet am Tag der Viehscheid, an dem andernorts drunten im Tal die große Herde »geschieden«, will heißen getrennt wird, auf eine besondere Anzugsordnung. Keine Hirschlederne, keine mit filigraner Federkielstickerei verzierten Hosenträger und auch kein grüner, verlour-samtiger Hut mit weißer Gockelfeder, die ihn trotz seines ungepflegten Schnurrbarts für Bergtouristen zu einem begehrten Fotomotiv machen würden. Seine blaue Latzhose, der steingraue Kittel mit Flecken von eingetrocknetem Mist und die Kappe mit dem Werbeaufdruck einer Futtermittelfirma trägt er tagtäglich. So auch heute.

Für wen sollte er sich und sein Vieh auch schön machen, wo sich zu seinem Hof drunten im Tal noch nie ein Bus mit sogenannten »Almabtriebsspannern« verirrt hat. Ein krummer Haselnussstecken ist alles, was er braucht, um der ein oder anderen Kuh, die noch gern von dem üppigen Gras neben dem Steig fressen will, mit kaum spürbaren Schlägen auf das Hinterteil den Weg zu weisen.

Zweifellos ist in den touristischen Gebieten der Alpen der Almabtrieb ein ganz besonderer Besuchsmagnet, ein Event mit folkloristischen Darbietungen, Blasmusik, Bierausschank und Souvenirverkauf. Ich habe mich heuer

Das Herdfeuer ist erloschen, die Läden sind geschlossen.
Jetzt gehört die Alm den Hirschen.

einmal in die Menge der Schaulustigen eingereiht, um dieses Spektakel live mitzuerleben. Es dauerte lange, bis die ersten bunt geschmückten heimkehrenden Tiere im Zentrum des Ortes eintrafen, denn der Weg von der Alm herunter war offensichtlich beschwerlich und lang. Von einem Einmarsch, wie man ihn von einem Schützenverein kennt, konnte keine Rede sein. Einen müden und dennoch getriebenen Eindruck machten die Tiere auf mich und aus ihren Augen sprach, so glaubte ich zu erkennen, pure Angst. Immer wieder versuchten einige Tiere, aus dem Verband auszubrechen. Fluchend und laut schreiend bemühten sich die festlich in Tracht gekleideten Senner, sie zurückzudrängen. Nie und nimmer, dachte ich mir, würde der Michi seine Rinder für so ein touristisches Spektakel auf den Weg schicken. Ich kann mir vorstellen, dass sie jetzt im Stall längst entspannt auf ihrem Platz liegen, den sie den Sommer über gegen die üppig begrasten Alm getauscht haben.

Ich sitze auf dem Bankerl vor der Hütte und genieße die nur vom Ruf des Tannenhähers belebte Stille. Ein leichter, kühler Wind kommt auf. Wie in jedem Jahr, nachdem das Vieh die Alm verlassen hat, ist es an der Zeit, die trockenen Fichtenscheiter im Herd anzuzünden. In den Augen leicht beißender Rauch quillt aus dem nicht dicht schließenden Ofentürl und findet schließlich den Weg durch den Kamin nach draußen. Wie ein weißer Schleier schwebt der nach Harz duftende Rauch über die buckelige Alm, umweht die alte, schon einmal vom Blitz getroffene Wetterfichte und löst sich schließlich auf. Ein mystischer, geradezu spiritueller Moment.

Im Fachhandel und besonders auf Weihnachtsmärkten findet man heutzutage eine Vielzahl getrockneter Kräutern, Blüten, Sämereien und Baumharze, die für das spirituelle Räuchern, einem uralten Ritual der Menschen, Verwendung finden. Dem Rauch dieser in einer Schale verglimmenden Pflanzenteile wird weltweit eine wundersame reinigende Kraft zugesprochen, die nicht nur Räume, sondern auch Gegenstände und Lebewesen von negativen Energien befreien soll. Zurzeit erfährt diese bei vielen Menschen in Vergessenheit geratene Methode einer energetischen Reinigung eine Renaissance und das Räuchern liegt voll im Trend. Quacksalberei oder Esoterik? Ich denke, es ist ein alter Brauch der Menschen, den man getrost praktizieren kann.

Was ist mit dem harzigen Rauch, der sanft über die Alm dahinschwebt? Besitzt er auch eine energetische Kraft? Er weckt Erinnerungen. Ich rieche ihn gern, ich liebe ihn und ich glaube auch zu spüren, dass er mir guttut. Ich muss lächeln, denn auch auf das Rotwild mit seinen feinen Sinnesorganen und Antennen scheint mein Räucherwerk energetisch zu wirken. Die ersten sehnsuchtsvollen, kraftvollen Rufe des Hirsches tönen vom Bergwald herunter. Ein Moment, auf den ich lange gewartet habe. Es wird jetzt nicht mehr lange dauern, bis das Rudel auf die freie Alm zieht. Die Harmonie zwischen dem Wild und mir ist hergestellt.

HEIMAT, HIRSCH UND HOLLADRIO

SPÄTESTENS WENN IN BAYERN die Zeit der großen Volksfeste naht und die Brauereien erste Reservierungen für die auf harten Bierbänken heiß begehrten Plätze entgegennehmen, scheint der gebürtige Bayer sich seiner Heimat besonders verbunden. Es hat mitunter den Anschein, als würde sich im Vorfeld des Münchner Oktoberfestes und anderer Volksfeste alle Jahre wieder plötzlich in der gesamten Bevölkerung ein kollektives Bewusstsein für gemeinsame Geschichte und Tradition breitmachen. In Jeans oder Shorts auf die Wies'n zu gehen, käme einem Sakrileg gleich. Man schlüpft ins Dirndlg'-wand bzw. legt die Lederhose an, gibt das echte Bayerische Paar, bekennt sich zu Heimat und Brauchtum, auch wenn man sich vor der Bergkulisse der Alpen oder des Bayerischen Waldes ein Toskana-Haus gebaut hat.

Vor Kraft strotzend bearbeitet er den Ameisenhaufen.
Der »hirschgerechte Jäger« nennt das »Wimpelschlagen«.

Natürlich kann man nicht das ganze Jahr im Dirndl und der Hirschledernen herumlaufen, aber so ganz glaubhaft ist dieses plötzliche, voroktoberfestliche Erwachen des Traditions- und Brauchtumsbewusstseins nicht. Der Trachtenlook ist halt angesagt, schön anzuschauen und trägt, ähnlich wie eine Uniform, besonders im Bierzelt zu einem ganz besonderen Zusammengehörigkeitsgefühl bei. Auch Nichtbayern werden da vorbehaltlos miteinbezogen, sofern sie den Dresscode befolgen.

Die Trachtenjanker der Männer haben neben dem grün paspelierten Stehkragen alle eines gemeinsam: die Knöpfe, und die sind aus Hirschhorn. Ich habe mir mal im Bierzelt beim Warten auf eine frische Maß Gedanken gemacht, was für ein Wahnsinnsgewicht zusammenkäme, würde man die Hirschhornknöpfe der Jacken und Joppen aller Besucher auf eine Waage legen. Wo mögen die Hirsche erlegt worden sein oder vielleicht noch leben, deren Geweihstangen oder Abwürfe das Material für diese vielen Knöpfe geliefert haben? Und wo mögen die Geweihe einst das Heim eines Jägers geschmückt haben, bevor die Erben die von ihrem Erleger so verehrten Trophäen irgendwann in die Knopffabrik gaben? Kein aus der Schale einer Perlmuschel gefertigter Perlmuttknopf, und wirkt sein in allen Regenbogenfarben schillernder Glanz auch noch so zauberhaft, kann den Wert eines Hirschhornknopfes aufwiegen, stellt man den Betrag in Rechnung, den der Jäger in welchem Revier oder Land auch immer hingeblättert hat, um den einige Kilogramm schweren Kopfschmuck seines Hirsches von der Jagdreise mit nach Hause nehmen und an die Wand hängen zu können.

Geweihe, die oft viele Jahre eine Trophäenwand schmückten und schließlich in der Knopffabrik landen, dienen zwar noch einem guten Zweck; bei genauer Betrachtung aber sind sie oft doch einfach nur als lästige Staubfänger entsorgt worden. Und wieder wird einem klar, dass ein Hirschgeweih eigentlich doch nur dem Erleger etwas Wert ist und dass der Wert einer Trophäe nach dessen Tod wenn auch nicht gänzlich erlischt, so doch verfällt.

Eine höhere Wertschätzung als das verstaubte Geweih erfährt die Decke, die Haut eines Hirsches, die gegerbt das Material für die Lederhose, die »Hirschlederne« liefert. Für die Jagdbekleidung gibt es heute wasser- und windabweisende, atmungsaktive Materialen, die auch beim feuchtfröhlichen Feiern in einem Bierzelt gute Dienste leisten würden. Nie aber wäre ein aus solch einem Hightechmaterial gefertigtes Beinkleid in der Lage, sich beim

Holladrio-Schunkeln so angenehm an Bauch und Hintern anzuschmiegen und ein so wohliges Gefühl zu vermitteln wie eine »Hirschlederne«. Kunstvoll bestickt trägt sie zudem der Eitelkeit ihres Trägers Rechnung, und sie nimmt es nicht übel, von der im Takt der Blasmusik geschwenkten Maß ein paar Spritzer abzukriegen. Gar nicht selten zeugen Schrunden und Schrammen der gegerbten Haut von den Brunftkämpfen der Hirsche um die holde Weiblichkeit und verleihen so dem Lederhosenbesitzer, zumindest nach ein paar Maß Bier, das Gefühl von besonderer Potenz und Unbesiegbarkeit.

Ich wünschte mir, diesen saisonalen Oktoberfest-Trachtlern, egal ob einheimisch oder zugereist, würde einmal klar werden, wem sie neben den Schneidern, Gerbern und Säcklern ihr so ein starkes Heimatgefühl und Selbstbewusstsein auslösendes Outfit zu verdanken haben, nämlich letztlich unserem Rothirsch. Wohl wahrt man mit einer preiswerteren Hose aus Ziegenleder, wenn auch unbewusst, eine gewisse Tradition, denn die Beinkleider von Ötzi, dem Mann aus dem Eis, waren ja auch aus Ziegenleder. In einem Köcher aus Rehleder trug er zwar einige Geweihspitzen als Werkzeug bei sich, aber Hirschhornknöpfe wies sein Gewand nicht auf und schon gar keine billigen Plastikimitate mit Hirschhornoptik.

So betrachtet, erfahren längst in den ewigen Jagdgründen weilende Hirsche auf einem Bayrischen Volksfest eine ganz besondere kulturelle Wertschätzung. Wir sollten da ruhig öfter mal wieder hin, wenn es heißt:«O'zapft is!«

»EBS GEID AWEI«

»Jäger müssen Wildbestände regulieren, Strecke machen. Mitunter sollten sie für ihr Wohlergehen darüber hinwegsehen.«

»ICH GING IM WALDE so für mich hin / Und nichts zu suchen / Das war mein Sinn.« Manchmal entspricht diese erste Strophe von Goethes Gedicht ganz genau meinem Denken, wenn ich im Revier aus dem Wagen steige, den Hund anleine und lospirsche. Voraussetzung dafür ist allerdings ein annähernd erfülltes, behördlich festgesetztes Abschusssoll.

Nichts suchen müssen, nichts totschießen müssen, dafür mit allen Sinnen ganz entspannt den Wald erleben, den harzigen Duft der Nadelbäume oder vermoderndes Laub riechen, das Gluckern des Waldbächleins oder das Klopfen und den Ruf des Schwarzspechts hören. All das bildet eine Kulisse von Geräuschen und Tönen, Farben und Gerüchen, die einen dazu verleiten, sich wie der Protagonist auf einer Freilichtbühne zu fühlen.

Wir wären gut beraten, in solchen Momenten nicht den bewaffneten Hauptdarsteller zu geben, sondern eher den bewundernden Zuschauer in der ersten Reihe. Wir spüren dabei, wie uns bei dem nichts suchenden So-dahin-Gehen doch viel Bewundernswertes begegnet, wie wir ruhiger, gelassener und entspannter werden. Der von mir verehrte Jagdphilosoph Eugen Wyler (1888–1973) schrieb schon 1968 diesen therapeutischen Effekt einem heilsamen Begegnen mit dem Unberührten und Ursprünglichen zu, lange bevor 1982 in Japan die heilende Kraft eines Waldspazierganges erkannt und als Shinrin-Yoku bezeichnet wurde. Ein Begriff, der in unseren Breiten heute als »Waldbaden« immer mehr Anhänger findet.

»Ebs geid awei«. Dieser Satz, lautmalerisch lässt er an eine alte chinesische Weisheit denken, hat sich fest in mein Gedächtnis eingeprägt. Mit diesen

Mut machenden und zugleich auffordernden Worten entließ mich der alte Jäger Wigg aus dem Bayerischen Wald jedes Mal nach einer Brotzeit in sein Revier, auch wenn die paar Rehe, die er zu schießen hatte, längst in der Kühlung hingen: »Etwas geht immer!« Diese Berggänge ohne Ziel und Auftrag waren entspannend und oft habe ich Wiggs Weisheit bestätigt gefunden.

Meine, ich nenne sie jetzt Goethe'schen Pirschen, sind im Lauf der Jahre seltener geworden. Das mit dem »Nichts-Suchen« erlauben Zeiten mit immer höher werdendem Abschusssoll in einem Rehwildrevier nicht mehr, zumal, wenn man dabei noch die leeren Spalten der Excel-Tabelle im Sinn hat. Die kürzer werdenden Tage, das im Haarwechsel heimlicher werdende Wild und nicht zuletzt die zunehmenden, im Revier von früh bis spät Entspannung suchenden Waldbader lassen das Revier scheinbar rehwildfrei erscheinen. Oft denke ich mir, dass auch ich jetzt, anstatt den letzten Rehen nachzustellen, lieber in meinem Waldrevier »baden« würde. Mehrere Menschen in einer Badewanne erfordern viel Toleranz. Der berühmte, an hintergründigem Humor kaum zu überbietende Sketch von Loriot mit den beiden Herren Müller-Lüdenscheid und Dr. Klöbner in einer Badewanne kommt mir dabei in den Sinn und ich bin augenblicklich wieder versöhnt.

Gegen Ende der Schusszeit und bei noch freien Spalten in der Streckenliste droht sich bei mir nicht selten eine Art Tunnelblick bemerkbar zu machen. Die Augen scheinen auf der Suche nach den dunklen Silhouetten der Rehe in der Schneelandschaft sich von nichts anderem ablenken zu lassen.

Kürzlich ist es doch passiert, dass sich mein im Rehwildmodus befindlicher Blick änderte. Rot leuchtete es zwischen den tief verschneiten, an bemützte und langbärtige Zwerge und Gnome erinnernden Fichten auf: in Schrotschussentfernung der Fuchs. Dieses glückliche Erschrecken verdrängte augenblicklich meinen eigentlichen Auftrag und mein in der Schusszeit leicht aufkeimendes Obrigkeitsdenken. Vergessen waren Geiß und Kitz und Streckenliste. Da saß ich nun warm eingepackt mit der großkalibrigen Büchse über meinen Knien.

Der Fuchs, ein starker Rüde war's, hob den rechten Hinterlauf, nässte seelenruhig an einen aus dem Schnee ragenden Ast, so als ob er wüsste, dass ich nur auf Rehwild aus war. Bis zur Ranzzeit, diesen nächtlichen, von Sternen erhellten Stunden, die ich so sehr liebe, hatte es noch einige Wochen. Jetzt schon den Fuchs, dazu noch so einen prächtigen, sozusagen nur als Beifang beim Ansitz auf Rehwild, mit der den Balg zerstörenden großen Kugel einfach totzuschießen, konnte ich mich nicht überwinden. Ich freute mich, ihn ohne Hast davonschnüren und zwischen den Fichten in die Dickung eintauchen zu sehen.

Von dem schwedischen Jagdmaler Bruno Liljefors (1860–1939) heißt es: Er ging hinaus mit der Büchse und kam heim mit einem Gemälde. Warum sollte ich es ihm nicht gleichtun?

Nach dem Heimkommen habe ich das nicht gesuchte und doch gefundene Erlebnis schnell zu Papier gebracht. Beim Betrachten des Bildes glaubte ich, den längst in den ewigen Jagdgründen weilenden alten Wigg sagen zu hören: » Hab ich's ned g'sagt? Ebs geid awei!«

Rot auf Weiß, der Fuchs im Schnee.
Da braucht der Künstler wenig Farben.

ERINNERUNG AN DAS GEFÜHL

ERLEBTES, GEDANKEN und auch Gefühle niederschreiben kostet Zeit und manchmal auch eine gewisse Überwindung. Doch am Ende eines Jahres, einer langjährigen Jagdpacht oder gar im Alter können einst schriftlich festgehaltene Gedanken uns mit großer Dankbarkeit erfüllen und unseren Geist beleben ...

Das schwächere der beiden Kitzen ist erlegt, aufgebrochen und zum Händler gebracht. Wegen der paar Euro, die es bringt, hätte wohl kaum einer den Finger krumm gemacht, eher schon, um der Erfüllung des behördlich festgesetzten Abschusssolls näherzukommen. Haken dran. Das war's. Gott sei Dank, wieder eine Spalte der oftmals unbarmherzig wirkenden Liste gefüllt.

Auf die Jagd gehen, oft stundenlang in der Kälte ausharren, nur um dann guten Gewissens buchhalterisch eine Pflichterfüllung dokumentieren zu können? Das würde schon ein hohes Maß an Obrigkeitsdenken voraussetzen und jegliche Freude am Erleben der Natur vermissen lassen. Der Wert von über Jahre geführten Streckenlisten ist aussagekräftig und für die Statistiken unverzichtbar. Erinnerungen an wunderbare Stunden im Revier, an bewegende Erlebnisse und Begegnungen vermögen sie freilich nicht zu wecken.

Wir Jäger sind doch eher nach innen gerichtete Menschen, und wir spüren im Lauf unseres Lebens, dass Jagd mehr sein kann, als nur nach Beute und Trophäen zu streben. Wir lernen mit den Jahren, uns mit der Natur auch geistig auseinanderzusetzen. Wir spüren, wie heilsam sich die stillen Stunden in der freien Natur, die Begegnungen mit dem Unberührten sich auf unser Gemüt auswirken und wie hochemotional das jagdliche Geschehen oft sein kann, im Positiven wie im Negativen.

Die Zeit, die die Erde braucht, um einmal die Sonne zu umrunden, schenkt uns viel. Die Jahreszeiten und deren Wechsel erleben dabei wir Jäger besonders bewusst und dankbar, denn jede von ihnen ist geprägt von ganz besonderen jagdlichen Freuden. Die Zeit läuft, scheint uns manchmal davonzulaufen, beschenkt uns immer wieder mit neuen Eindrücken, verdrängt aber auch manches oder lässt es in unserer Erinnerung verblassen.

Skizzen und Notizen lassen das Jagdtagebuch später zu einem unerschöpflichen Quell an Erinnerungen werden.

Wollen wir oft nach Jahren besinnliche Rückschau halten, dann wird uns auch eine ordentlich geführte, mit Zahlen gefütterte Streckenliste dabei nicht hilfreich sein. Auch die Fülle der nahezu unzähligen auf dem Smartphone gespeicherten Erlegerfotos wird uns in der Hektik des Rauf- und Runterwischens auf dem Display wohl kaum in die Lage versetzen können, uns wunderbaren Erinnerungen hinzugeben.

Wenn wir uns an etwas erinnern, dann stellt sich in uns wieder das Gefühl von damals ein, und wir spüren, wenn das Jagderlebnis ein schönes war, dass eine tief in uns schlummernden in unserem Gehirn abgespeicherte Glückseligkeit wiedererwacht. Je emotionaler ein Erlebnis war, desto besser ist die Erinnerung daran. Um am Ende des Jagdjahres oder auch noch im fortgeschrittenen Alter immer wieder in Erinnerungen schwelgen zu können, müssen wir auf Daten zurückgreifen können, die wir im Lauf der Zeit gesammelt haben, nicht in einer Excel-Tabelle, sondern in einem Jagdtagebuch. Hier finden kleine Erlebnisberichte, kurz und knapp notierte Gedanken sowie kleine Zeichnungen und Skizzen, quasi als Stenogramme flüchtiger Augenblicke, ihren Niederschlag. Mit ein paar besonderen eingeklebten Fotos, dem beigelegten Brief oder lustigen Vierzeiler des dankbaren Jagdgastes oder auch dem eingelegten Buchenblatt, mit dem der Bock betört werden konnte, verwahren wir uns Erinnerungsstücke, die nicht minder wichtig und wertvoll sind als Gehörne, Geweihe und Krucken.

Nicht allein die gemachte Strecke, nicht allein die Trophäe, sondern die vielfältigen Beobachtungen draußen im Revier, das Zusammensein mit gleichgesinnten Freunden und die Freude über einen sauberen Schuss, über die Leistung des treuen Jagdhundes oder über einen selbst zusammengezimmerten Hochsitz können im Buch der Erinnerungen festgehalten werden und uns immer wieder aufs Neue mit einem besonderen Glücksgefühl beschenken.

Jagderlebnisse dürfen, müssen aber nicht in epischer Breite niedergeschrieben werden, Skizzen nicht druckreif sein. Wer mit der Hand schreibt und auch illustriert, so die Erkenntnisse der Wissenschaft, schafft nicht nur ein wertvolles Unikat, er aktiviert dabei die Hirnregionen fürs Denken, für Sprache und Erinnerung. Auch hier gilt das chinesische Sprichwort: »Erinnerung malt mit goldenem Pinsel.« So kann dann das Nacherleben oft noch beglückender empfunden werden als das Erlebnis selbst. Auch die Erlegung eines schwachen Kitzes sollte einem ein paar Zeilen wert sein.

MYSTISCHES MONDLICHT

Das Mondlicht – es verzaubert und sensibilisiert uns für ganz besondere, geheimnisvolle, übersinnliche Wahrnehmungen.

NOCH FINDEN WIR in den speziell für Jägerinnen und Jäger herausgegebenen Jahreskalendern die minutengenauen Zeitangaben, wann der Mond aufgeht, uns passables Büchsenlicht beschert und ab wann es mit seinem Untergehen sinnlos wird, länger auf der harten Bank der Kanzel auszuharren. Seit Menschengedenken hat sich der jagende Mensch dieses kurze, monatliche erhellte Zeitfenster zunutze gemacht, um nachtaktivem Wild nachzustellen. Es ist das Sonnenlicht, das der Mond reflektiert und auf die Erde schickt. Sauensonne wird der am Nachthimmel leuchtende Erdtrabant noch von vielen Schwarzwildjägern genannt, eine durchaus aufwertende und schmeichelnde Bezeichnung, die aber in Zeiten von Wärmebildtechnik und Nachtzielgeräten in absehbarer Zukunft sicher aus dem jägerischen Vokabular verschwinden wird.

Diese technischen Neuerungen generell zu verteufeln, maße ich mir gerade in Zeiten der grassierenden Afrikanischen Schweinepest nicht an, wenngleich wir mit dem Einsatz derartiger Geräte dem Wild den Schutz der Dunkelheit verwehren und unser Credo, im Einklang mit der Natur zu jagen, gänzlich aufgeben. Auch unser Wild hat ein Recht auf Ruhe. »Die Nacht ist als natürliches Intervall ein barmherziges Ordnungsmerkmal der Schöpfung«, so der Pastor Rolf Adler.

Der Mond bietet aber mehr als nur Licht. Auch die ausgereifteste Nachtsichttechnik wird es nicht vermögen, uns ebenso zu verzaubern und uns zu besonderen, zum Teil übersinnlichen, geheimnisvollen Wahrnehmungen zu verleiten wie das Mondlicht im winterlichen, tief verschneiten Wald.

Eine Wärmebildkamera kann diese mystische Stimmung nicht einfangen.

Auf solche mondhellen Winternächte, in denen ich auf dem Erlensitz nah am Ufer des noch eisfreien Baches auf den Fuchs passe, freue ich mich zu Beginn eines jeden neuen Jahres. Sie haben für mich etwas Meditatives und Mystisches. So auch heute. Immer wieder verstecken träge dahinziehende Wolken die leuchtende Scheibe des Mondes, wandeln sich dabei in bizarre Formen, nehmen die Gestalt von Ungeheuern, Grimassen schneidenden Gnomen und dahinschwebenden, riesigen Fischen an, um dann wieder Lücken für den Mond freizugeben, der sich im dahingluckernden Bach spiegelt. Was für ein märchenhafter Augenblick!

Um die Vorliebe des Fuchses für diesen, tief im Gelände eingebetteten Bachlauf weiß ich. Trägt ihn das Eis, dann verlässt Reineke den Wald und stiehlt sich im Schutz der Uferböschung davon, um auf den dampfenden Misthaufen der nahegelegenen Höfe nach Fressbarem zu suchen. Jetzt ist Ranzzeit. Von Weitem ist das heisere Bellen eines suchenden Fuchses zu vernehmen. Der Liebeshungrige muss jeden Moment am oberen Rand des Ufers zwischen den vom Schnee niedergedrückten und zu kleinen, flachen

Hügeln geformten Schilf auftauchen. Das vorhin noch die winterliche Landschaft immer wieder mit allerlei seltsamen Figuren verdunkelnden Gewölk muss sich schlagartig verzogen haben, denn plötzlich steht er vor mir, wie von einem rückwärtigen Scheinwerfer angestrahlt, bellt heiser. Längst habe ich die Bockbüchsflinte im Anschlag. Gestochen scharf zeichnet sich der von einem rötlichen Saum eingefasste Wildkörper auf dem Schnee ab und wirft einen kurzen Schlagschatten auf das Weiß.

Es ist dies ein Moment, der einen am Ziel eines wunderbaren Weges und der Erfüllung eines Traumes ganz nahe wähnt. Wie oft mag ich im Unterbewussten diese Situation schon erlebt und durchgespielt haben? Jetzt ist es Realität. Der Schriftsteller Elmar Schenkel schrieb einmal, dass der Mond mit den tiefen Schichten unseres Bewusstseins zu kommunizieren und diese zum Guten wie zum Bösen zu aktivieren scheint. Ich betätige den Abzug des Schrotlaufes. Der Knall bleibt aus. Lediglich ein fauchendes Geräusch gibt der Lauf von sich und nacheinander kullern die Schrote aus dem Rohr. Geht das noch mit rechten Dingen zu? Ich ziehe etwas verwirrt und ungläubig die Plastikpatrone aus dem Lager. Sie ist seitlich aufgerissen, der Fuchs über alle Berge.

Es ist ein alter Glaube der Bergbauern, dass man aus einem Brunnen, in dem sich der Mond spiegelt, nicht trinken soll. Cramer-Klett schrieb einmal, dass der Mond der schlafenden Erde in den Stunden, in denen er von ihr Besitz ergreift, sein Gesetz aufzwingt und dass man in dieser von seinem Licht zur Unwirklichkeit verzauberten Silberwelt Gefahr läuft, spinnig zu werden. Heute hat der Mond möglicherweise mein Unterbewusstsein aktiviert. Zum Guten oder zum Bösen? Vielleicht wäre es doch besser gewesen, den Fuchs, der sich dem Spiegelbild des Mondes im Bach näherte, zu pardonieren. Wer weiß?

Seht ihr den Mond dort stehen?
Er ist nur halb zu sehen
Und ist doch rund und schön!
So sind wohl manche Sachen,
die wir getrost belachen,
weil unsre Augen sie nicht seh'n.

WUNDERSAME PFADE

»Jägersteige findet man in keiner Wanderkarte. Könnten sie sprechen, hätten sie so manches zu erzählen.«

»IN JEMANDES FUSSSTAPFEN ZU TRETEN« bedeutet für den Einsteiger oder Nachfolger meist eine große Herausforderung, besonders dann, wenn der Vorgänger über außergewöhnlich große Füße verfügte oder besser gesagt, große Vorgaben gemacht hat. Jemandem nachfolgen zu dürfen, egal ob in einem Unternehmen oder auch in einem neu zu verpachtenden Jagdrevier, kann sehr oft von großem Vorteil sein, vorausgesetzt, sowohl die Firma als auch das Revier wurden gut geführt und die Vorgänger haben im übertragenen Sinne gute Spuren hinterlassen.

In einem Jagdrevier sind es im wahrsten Sinne des Wortes Spuren, denen wir folgen und an denen wir uns orientieren können. Sie sind nicht für jedermann, sondern oft nur für uns Jäger erkennbar. Ich meine die von erfahrenen Jägern begründeten oder angelegten Pirschsteige. Besonders in Gebirgsrevieren werden diese heimlichen, schmalen Pfade seit Jahrhunderten von nachfolgenden Jägergenerationen benutzt, von derben Bergstiefeln immer wieder aufs Neue ausgetreten und ähnlich den Wildwechseln durch häufiges Begehen der Vegetation abgerungen.

In den vielen Revieren, in denen ich jagen dufte, waren es immer wieder diese Pfade, diese wenigen hundert Meter auf leisen Sohlen bis zum Hochsitz oder das vorsichtige, nicht überhastende Steigen durch den Bergwald hinauf auf die freie Alm, was mich gefangen nahm und große Erwartungen in mir weckte. Ich erinnere mich an den weichen, sandigen Pfad in der Lüneburger Heide, den man Wochen vor der Brunft mit einem einscharigen Pflug zwischen Wacholderbüschen durch kniehohes Heidekraut gefurcht hatte, um dem Jäger und mir ein völlig lautloses Anpirschen des röhrenden Hirsches zu ermöglichen. Der Einfallsreichtum der Jäger kennt keine Grenzen. So fand ich einmal in einem anderen Revier bei noch dunkler Nacht ganz alleine den Weg zu einer Kanzel nur deshalb, weil der findige Jäger Meter für Meter kleine Bruchstücke weiß glasierter Badezimmerfliesen ausgelegt hatte, die im Sternenschein selbst wie kleine Sterne leuchteten und mir zeigten, wo ich lang zu gehen hatte.

Das Anlegen von Pirschsteigen in meinem Waldrevier beschränkt sich lediglich auf das Harken des Waldbodens auf den wenigen letzten Metern bis zum Hochsitz. Langlebige Spuren hinterlasse ich mit dem Harken von Laub und Nadeln sicher nicht, denn schon nach wenigen Wochen hat der Wind wieder alles zugeweht. Vorbildlich gepflegt sind dagegen die Steige im Revier meines Freundes Max. Diese zeitaufwendige Arbeit macht weder er noch delegiert er sie dem bei ihm ausgehenden Jungjäger. Mit der Aufforderung »Oma, die Steig san wieder zum Putzen!« schickt er doch tatsächlich – das dürfte wohl einmalig sein – mehrfach im Jahr seine Schwiegermutter zum Fegen der Pirschsteige ins Revier. Angeblich tue sie das gern, denn auch zu Hause lege sie den Besen selten aus der Hand, weil sie nichts mehr stören würde als Laub in der Hofeinfahrt.

Fast ein wenig ehrfürchtig wurde ich einmal im Blühnbachtal, als der mich auf einen Gams führende Jäger Franz beim Aufstieg innehielt und mich fragte »Woaß'd scho, auf wos für an Steig mir gengan?« (Weißt du schon, auf was für einem Steig wir gehen?) Der Pfad war ziemlich steil, serpentinenreich und von rutschigem Schnee bedeckt. Ich hatte Mühe, dem langsam, aber stetig vor mir steigenden Jäger zu folgen, der im Weitergehen sehr geheimnisvoll mit leicht unterdrückter Stimme erklärte, »des is der Zlatorog-Steig!«

Zlatorog, das wusste ich, war eine slowenische Sagengestalt, ein weißer Gamsbock mit goldenen Hörnern, der auf dem Berg Triglav als Bewacher eines Schatzes seinen Einstand hatte. Ein sich nicht zügeln könnender Jäger tötete Zlatorog und aus dessen vergossenem Blut wuchs eine Blume, die den Bock schließlich wieder zum Leben erweckte. Der Bock rächte sich an dem Frevler und trieb ihn in den Tod. Nun hält sich bis heute der Aberglaube, dass jeder Jäger, der es wagt, einen weißen Gams zu töten, innerhalb eines Jahres auf tragische Weise selbst zu Tode kommt. Befeuert wurde dieser Aberglaube durch das Wissen um den Tod des österreichisch-ungarischen Thronfolgers

Nach einem schweißtreibenden Aufstieg macht der Anblick von Gams besonders glücklich.

Erzherzog Franz Ferdinand, der am 27. August des Jahres 1913 in Sarajewo einem Attentat zum Opfer fiel – ein Jahr zuvor hatte er einen weißen Gams geschossen.

Diesen Steig, auf dem ich mit Franz hinauf in das Reich der Gams wollte, beschritt seinerzeit auch Franz Ferdinand mit dem Ziel, den weißen Gams zu erlegen. Ich wandelte also auf den Spuren des Thronfolgers, die einen, wie die Geschichte zeigt, ja nicht unbedingt immer zu großem Glück führen müssen. Und ich war überhaupt nicht traurig, als die Sonne untergegangen war und wir uns unverrichteter Dinge wieder dem Tal zuwenden mussten.

ALLES SPIELT SICH IM KOPF AB

ES IST JETZT WIEDER WINTER und das Licht wird zur Mangelware. Bereits am späten Nachmittag geht die Dämmerung geradezu abrupt in tiefe Dunkelheit über. Die Winternächte sind lang, gefühlt oft zu lang, es sei denn, es zieht mich in schneehellen, sternenklaren Stunden hinaus, um auf den Fuchs zu passen. Aber auch zu Hause am warmen Kachelofen lässt sich so ein Abend im »Fuchsmond« jagdlich gestalten. Mit einem guten Buch.

Für mich sind die Werke des begnadeten Erzählers Ludwig B. Freiherr von Cramer-Klett immer wieder ein unerschöpfliches »Füllhorn«, aus dem ich mir sorgsam ausgewählt, der Jahreszeit oder der jeweiligen Situation entsprechend, manchmal ein ganzes Kapitel, oft aber auch nur ein paar Seiten heraushole und mir im wahrsten Sinne des Wortes zu Gemüte führe. Ich kenne bestimmte Textpassagen fast auswendig, aber dennoch freue ich mich immer wieder darauf, die entsprechenden Seiten aufzuschlagen und mich erneut gefangen nehmen zu lassen und zu träumen. Dieses Sich-Hineindenken in das Erzählte oder so bildreich Beschriebene kann mich manchmal derart stark beeinflussen, dass ich glaube, dem Autor gegenüberzusitzen und seinen Worten zu lauschen. Es kommt sogar vor, dass ich später im Schlaf den Faden der Geschichte weiterspinne und dabei Erlebnisse habe, die, einfach gesagt, traumhaft, aber nach dem Erwachen leider wieder weitgehend ausgelöscht sind.

Eine kurze Textpassage aus der Geschichte »Daffalo«, in der Cramer-Klett von der Erlegung eines abnormen, teufelskruckigen Gamsbocks »Daffalo« erzählt, lässt mich jedes Mal ganz besonders bei der Sache sein. Mit wenigen Worten beschreibt er da die Zubereitung des Punsches, der nach glücklicher Jagd die kleine Feier in der Turmstube des Schlosses krönen soll. Das Wasser könnte mir da im Munde zusammenlaufen und es fehlte nicht viel, dass ich beim Lesen eine Trugwahrnehmung, eine geschmackliche Halluzination bekomme.

»Der rote Wein im Silberkessel über der reglosen blaue Flamme rauchte kaum sichtbar, belebte sich perlend, wallte empor, und ich warf Nelken hinein, Zimt, Orangenschalen, mit Rum getränkte Zuckerwürfel und rührte, kostete, süßte nach. Und als es in den Henkelgläsern wie Granatschmuck funkelte, stieß ich mit Hans an …«

Es ist noch nicht lang her, da war ich mit Hans, einem anderen Hans natürlich, in den schon verschneiten steirischen Bergen zum Gamsjagern. Noch bei Dunkelheit fuhren wir los. Der Aufstieg war wie immer für mich eine Herausforderung, die Landschaft bezaubernd schön, im Herzen die Vorfreude auf einen reifen Gamsbock. Jägerherz, was begehrst du mehr!

Unser Aufbruch war etwas hektisch, und so wunderte es nicht, dass der sonst so fürsorgliche Hans vergessen hatte, die Thermoskanne mit dem Heißgetränkt in den Rucksack zu packen. Als er nach schweißtreibendem Aufstieg beim Griff in den Rucksack sein Missgeschick bemerkte, zögerte er

Die Hütte im Schnee – für viele Menschen ein Sehnsuchtsort

nicht lange, und mit den Worten, die wie ein Befehl klangen: »Du bleibst da hock'n! In oaner Stund, bin i wieder do!«, schwang er sich, auf den Bergstock gestützt, den Steig hinunter. Wir hatten jetzt keine Eile mehr, denn auf den steilen Lahnern waren noch keine Gams auszumachen.

Allmählich wurde ich doch unruhig, rutschte mit meiner Filzunterlage auf dem Brett des Bodensitzes hin und her, kontrollierte mit dem Glas den steilen Gegenhang in der Hoffnung, dass die Gams um Gottes Willen doch nicht auftauchten, bevor Hans wieder heroben war. Ich begann, vom Rücken her, an ihm klebte mein schweißnasses Unterhemd, zu frieren und ich hatte Durst. Was ist schon eine Stunde, was sind schon null Grad! Gefühlt können in einer solchen Situation sechzig Minuten sehr lange und null Grad verdammt kalt sein. Alleine das Wissen um die geradezu beispiellose Zuverlässigkeit des Hans hielt mich bei Laune.

Fast auf die Minute genau nach einer Stunde stand er, kaum merklich außer Atem, vor mir, drehte den silbrigen Becher von der mitgebrachten Thermoskanne, füllte ihn mit einem heißen Trank und reichte ihn mir. Ich müsste über das Vokabular eines Sommeliers verfügen, um nur annähernd in Worte fassen zu können, welche Wohltat, welche Labsal, welch fantastisches Geschmackserlebnis mir dieser heiße, süße, würzige, mit geschlossenen Augen in kleinen Schlucken genossene, einem Zaubertrank gleichende Punsch bescherte. Ich schmeckte Rotwein, Nelken, Zimt, Orangenschalen und Rum. Die Geschichte des »Daffalo« kam mir wieder in den Sinn. Ja, genau so musste der Punsch des Barons damals geschmeckt haben.

Nun handelte es sich weder um eine Trugwahrnehmung noch um eine gustatorische Halluzination. Das war Realität. Nur mit meinem Hans konnte ich nicht anstoßen, wie weiland der Baron mit seinem Diener Hans, denn wir hatten ja nur einen Becher.

Ich lobte Hans' Braukünste in den höchsten Tönen. Der aber wehrte ab: »Des san Teebeutel! Zehn Stück für zwoa Euro neinersechz'g!«

DER »FREUNDLICHE« FUCHS

WENN ES DARUM GEHT, die Unwirtlichkeit, Bedeutungslosigkeit und Abgeschiedenheit einer Region zu beschreiben, zieht man gern Vergleiche aus der Tierwelt heran. Ein Landstrich ohne Infrastruktur, ohne Wirtshaus, ohne Tank- und Bushaltestelle wird treffend despektierlich charakterisiert mit dem Satz: »Dorthin verirrt sich keine alte Sau«, oder mit der Feststellung: »Dort sagen sich Fuchs und Hase gute Nacht«. Solche Expertisen sind dem Immobilienmakler nicht besonders dienlich, aber der Jäger wird auf der Suche nach einer neuen Behausung interessiert aufwerfen.

Kein Fleckchen Erde ist uns Jägerinnen und Jägern lieber als ein Revier weitab jeder Zivilisation, in dem wir in völliger Abgeschiedenheit unserer Passion nachgehen können. Gern lassen wir den Volksmund in dem Glauben, dass sich dorthin keine alte Sau verirren würde. Wissen wir doch, dass das Gegenteil der Fall ist, denn auch ein alter, grantiger Keiler liebt die Ruhe und die Einsamkeit.

Was den zwischen Fuchs und Hase ausgetauschten Gute-Nacht-Gruß betrifft, so entspricht er in seinem Wahrheitsgehalt der Mär vom Wolf und den sieben Geißlein. Wenn Fuchs und Hase sich tatsächlich einmal freundschaftlich begrüßt oder sich gegenseitig eine gute Nacht gewünscht haben sollten, dann kann das nur im Garten Eden gewesen sein. Spätestens seit der Vertreibung aus dem Paradies war mit der beiderseitigen Zuneigung Schluss, was nicht heißen muss, dass sich beide auch heute noch in bestimmten, wenn auch seltenen Situationen nicht gegenseitig respektieren oder prüfend beäugen würden.

In einer sternenklaren Winternacht ist ja oft zu beobachten, wie der Hase auf dem weiten, weißen Schneefeld den Reineke, vielleicht also ein Freund aus vergangenen Tagen, der sich wiederum scheinbar arglos, so quasi nur so zum Zeitvertreib, auch rein zufällig auf diesem Schneefeld herumtreibt, plötzlich entdeckt. Der Hase kennt den Fuchs und weiß um dessen hinterlistiges Verhalten. Er ergreift nicht die Flucht. Er wägt ab, denn er ist sich der Schnelligkeit seiner Läufe bewusst.

Der Luderplatz lässt ihn die Scheu vor den Menschen vergessen.

Oft lasse ich mich bei solch einem Anblick zu etwas verleiten, was man als Jäger tunlichst vermeiden sollte: Ich finde Gefallen an diesem Szenario und unterliege dem Anthropomorphismus, will heißen, ich beginne die beiden Wildtiere vor mir zu vermenschlichen. Ich stelle mir vor, was in den Köpfen der beiden wohl vorgehen mag, welche Absicht beide verfolgen oder welche Gefühle sie jetzt bei dieser Begegnung empfinden mögen. Ich bin mir sicher, dass sie jetzt weit davon entfernt sind, sich gegenseitig eine gute Nacht zu wünschen. Wenn man an die Legende vom Garten Eden denkt, in dem beide möglicherweise noch freundschaftlich miteinander verbunden waren, dann könnte man jetzt bei ihnen vielleicht von einer Art Hassliebe oder zumindest von einer Beziehungsstörung sprechen.

Ich verwerfe diesen Gedanken, denn sowohl dem Fuchs als auch dem Hasen mangelt es sicher nicht an Selbstbewusstsein, dessen Fehlen nicht selten die Ursache für eine Beziehungsstörung darstellt. Wir tun dem Hasen Unrecht, wenn wir ihn mit der Bezeichnung Angsthase als Symbol für Ängstlichkeit missbrauchen. Ein Mensch, der seine Augen weit aufgerissen hat, ist ängstlich erschrocken. Das große Auge des Hasen – oft das einzige, was man von dem in seiner Sasse gut gedeckten Mümmelmann erkennen kann – steht für Wachsamkeit und kaltblütiges Kalkül. Dem schnürenden Fuchs haben seine nur scheinbar zusammengekniffenen, tief liegenden Lichter letztlich die Prädikate schlau, schelmisch, verschlagen und hinterlistig eingebracht. Hase und Fuchs, so meine ich, sind zwei, die beide ihre Qualitäten haben und sich durchaus auf Augenhöhe begegnen können. Aber ein Gute-Nacht-Gruß? Nein!

Sich auf solche märchenhafte Gedanken einzulassen, ein wenig zu sinnieren, zu fantasieren über Hase und Fuchs, ist ganz amüsant und macht einen Ansitz in der tristen Winternacht auch dann zu einem Erlebnis, wenn der rote Freibeuter sich nicht oder noch nicht blicken lässt. Wenn dann aber der dunkle, langgezogene, dahinschwebende Schatten plötzlich auftaucht und den wartenden Jäger glücklich erschreckt, dann sind solche Gedankenspiele sofort vergessen.

Wie schön wäre es doch, wenn es in unserer Kulturlandschaft mehr Regionen gäbe, von denen die Menschen angesichts der Abgeschiedenheit so lapidar sagten, dass sich dort Fuchs und Has' eine gute Nacht wünschen. Damit wäre der gesamten Wildbahn gedient. Zum Schutze und Wohlergehen des Hasen sollten wir dabei aber nicht vergessen, den vermeintlich freundlichen Fuchs kurzzuhalten. Der Hase wird es uns danken und uns – wer weiß? – vielleicht auch in sein Nachtgebet miteinschließen.

»MAXL«

Streunende Katzen sind bei Jägern nicht gerade beliebt. Etwas mehr Empathie täte unserem Ansehen aber gut.

WIR HABEN IHM DEN NAMEN »MAXL« gegeben. Woher der Kater kam und wie er eigentlich heißt, wissen wir heute nach sechs Jahren noch nicht. Er war auf einmal da. Unsere Hunde bemerkten ihn zuerst und führten sich entsprechend auf. Eine fremde Katze im Pferdestall kam für Joli, die Jack-Russell-Hündin, und Zirbe, die »Boarische«, überhaupt nicht infrage. Zwei waren ja irgendwie okay! Aber eine Dritte? Bitte nicht!

Es hatte lange genug gedauert, bis sich die beiden Hunde an die zwei Katzen auf dem Hof gewöhnt hatten. Nur durch viel gutes Zureden unsererseits waren sie schließlich über ihren eigenen Schatten gesprungen und sahen in »Lissi« und »Poldi«, den beiden Stallkatzen, keine Totfeinde mehr, sondern nur noch lästige Untermieter, wie man im menschlichen Sprachgebrauch sagen würde; Untermieter, denen man gern schon mal eine lange Nase macht und mit der Faust droht, wenn es keiner sieht. Das soll aber nicht heißen, dass »Joli« und »Zirbe« sich nicht auch gelegentlich auf gemeinsame Malzeiten mit den Stalltigern einlassen, wenn deren Fressnäpfe frisch angefüllt sind. Man glaubt, den Hunden dabei anzusehen, wie schwer es ihnen fällt, ihren angewölften Futterneid zu unterdrücken und die beiden Mäusejäger zu tolerieren. Einen fünften Mitfresser, da schienen sich Hunde, aber auch die Katzen einig zu sein, war man nicht zu akzeptieren bereit. Bei genauer Betrachtung für uns Menschen eine durchaus nachvollziehbare Einstellung.

Es bleibt nicht aus, dass wir unsere geliebten Haustiere gern vermenschlichen, ihnen ein Denken und Handeln unterstellen, wie es uns Menschen eigen ist. Dieser Anthropomorphismus spricht wohl für das gute Herz von

Herrchen und Frauchen, kommt den Tieren aber nicht immer zugute. Ob sich ein Dackel beim Gassigehen in seinem Outfit mit Jankerl und Sepplhut wohlfühlt, darf bezweifelt werden. Aber dennoch gibt es immer wieder Fälle, bei denen man nicht umhin kommt, in einem Tier ein gleichsam menschliches Wesen zu sehen.

»Maxl« ist so ein Fall. Sein verhautes Aussehen, sein ungepflegtes Äußeres und vor allem sein Verhalten zeigten bei unserer ersten Begegnung die typischen Wesensmerkmale eines »Sandlers«, eines Landstreichers. Er war aufsässig, hatte keine Manieren, kackte ins Heulager und war nicht zu bewegen aufzustehen, wenn er eingerollt im Weg lag und die Stallarbeit behinderte. Auf ein dezentes Beiseiteschieben mit dem Fuß reagiert er mit einem lautlosen Fletschen seine Stummelzähne, ohne dabei die Augen zu öffnen; ein Penner halt.

Unsere Nachforschungen auf den Nachbarhöfen bezüglich seiner Herkunft blieben ohne Ergebnis. »Ja, ja, des kunnt dem Seppen sei Kater sei« oder »I kunnt' mir virstellen, dass der vo' weiter herkimmt« oder nach län-

»Maxl«, ein Kater von ganz besonderem Charakter

gerem Hin- und Herwiegen des Kopfes schließlich die Feststellung: »Na, i moan der unser is des need.« Solche und ähnliche Auskünfte brachten uns nicht weiter. Erste Untersuchungen unseres Obdachlosen bestätigen, dass es sich um einen nicht kastrierten Kater handelt und sein Zahnstatus auf einen alten Methusalem schließen ließ.

Nach vier Tagen war »Maxl« wieder fort. Wir waren darüber nicht traurig, aber dennoch konnten wir ihn nicht vergessen. Dann kam er wieder, ging wieder, kam wieder. Oft blieb er wochenlang aus, um abgemagert und zerzaust wieder zu erscheinen und sich aufpäppeln zu lassen, und schließlich verschwand er auf Nimmerwiedersehen. Nach Monaten wähnten wir ihn, von einem Auto überfahren, im Katzenjenseits. Weit gefehlt.

Ein dunkler Punkt war es, der wie eine krabbelnde Fliege auf einem weißen Tischtuch sich auf der tief verschneiten Pferdekoppel in Richtung des Hofes bewegte. Wir standen am Fenster und rätselten. Eine Krähe? Ein Hase? Er war es. Den linken Vorderlauf schonend, hatte er Mühe, sich durch den Schnee Richtung Stall zu kämpfen, den Ort, den er scheinbar doch in guter Erinnerung hatte. Er war wieder und ist noch immer noch da.

Was mag »Maxl« wohl alles zugestoßen sein? Wo mag er sich die vielen Wochen herumgetrieben haben? Antworten wird man darauf keine bekommen, es sei denn, man gibt sich dem Anthropomorphismus hin. So haben wir den Kater in Gedanken vermenschlicht und nun wissen wir und unsere Enkel, was es mit dieser tierischen Persönlichkeit auf sich hat. Er trinkt gern einen über den Durst, schläft seinen Rausch in irgendwelchen Scheunen aus, besucht gelegentlich seine Schwester, die auf einem großen Gutshof lebt, von ihm aber nichts mehr wissen will, nimmt gelegentlich Kontakt mit alten Liebschaften auf, um sie anzupumpen, rauft sich mit anderen Katern auf der Mülldeponie um irgendwelche Leckerbissen und schaut, den Jägern aus dem Weg zu gehen. Mittlerweile wird er von unseren Katzen und Hunden toleriert. Wir lieben ihn. Zurzeit ist er häuslich, fragt sich nur, wie lange.

Nach bayerischem Jagdrecht dürfen Jäger wildernde Katzen töten. Sie gelten laut dem Bayer. Jagdgesetz §42 als wildernd, wenn sie in einer Entfernung von mehr als 300 Meter vom nächsten bewohnten Gebäude angetroffen werden. Nicht alles, was auf der Jagd vom Gesetz gedeckt wird, sollten wir auch immer in voller Härte durchziehen. Es gibt Dinge, die tut man einfach nicht.

EIN KASPERLTHEATER

Kinderängste lassen sich oft spielerisch abbauen. Ein nicht ganz ernst gemeinter Beitrag zum Wolfsmanagement.

ZWEI KASPERLPUPPEN HABE ICH NOCH, den Seppl und die Gretl. Wo die anderen, mit viel Liebe aus Pappmaschee geformten und ebenso liebevoll bemalten, nur mit einem einfachen, schnell zusammengenähten Gewand bekleideten Puppen hingekommen sind, weiß ich nicht. Jahrzehntelang haben sie ordentlich in einer geräumigen Holzkiste übereinandergestapelt mehrere Umzüge überstanden, aber irgendwann verliert sich ihre Spur. Der breit grinsende, langnasige Kasper, die Oma mit ihrer Drahtbrille auf der Stupsnase, der schnauzbärtige Polizist, das Krokodil mit den Glubschaugen und den großen Nasenlöchern und natürlich der Teufel mit dem feuerroten Gesicht, der Hakennase und dem vorstehenden Kinn – wo mögen sie hingekommen sein? Ich weiß noch genau, wer von meinen Geschwistern damals welchen Kopf modelliert hat, als wir noch alle zu Hause waren.

Unsere Kasperlbühne mit selbst gemalten Kulissen kam sehr häufig bei Kindergeburtstagsfeiern in der Nachbarschaft zum Einsatz. Aber auch bei Altennachmittagen in der Gemeinde waren wir mit den Puppen gefragte Unterhalter und ernteten mit unseren grade mal zwölf bzw. dreizehn Jahren als Akteure immer großen Applaus. Die Handlungen der kurzen Stücke bedurften keiner Vorbereitung. Wir spielten immer aus dem Stehgreif, bedienten abwechselnd verschiedene Rollen, verstellten unsere Sprache, erzeugten Geräusche mit verschiedenen Gegenständen wie Kochtopf und Kochlöffel, ließen mit einem großen Blech den Donner grollen.

Wir bauten damals schon völlig intuitiv, obwohl uns der Begriff gänzlich unbekannt war, immer einen »Runnig Gag« mit ein. Wir ließen die Oma während der Handlung immer wieder unvermittelt auftauchen, über die Bühne laufen und nach ihrer Brille suchen, die sie nicht wissend auf der Stirne trug. »Ja, wo ist denn meine Brille wieder?«

»Auf der Stirne, auf der Stirne!«, schrien die Kinder immer lauter, je öfter wir die Oma im Hintergrund kurz auftauchen ließen.

Es ist so leicht, mit wenig Mitteln bei Kindern Begeisterung auszulösen und sie zum Lachen und Mitmachen zu animieren. Vor wenigen Wochen an Weihnachten habe ich angesichts der Enkelschar wieder einmal Lust verspürt, ihnen das lange Warten auf das Christkind mit der noch vorhandenen Gretl und dem Kasper und einigen neu erworbenen Puppen unterhaltsam zu gestalten. Ich hatte Mühe, mir die Puppenköpfe auf die gar nicht mehr so gelenkigen Finger zu stecken, aber dann war ich gleich wieder wie in meinen Kindertagen voll in meinem Element. Die Bühne war klein und ich musste in gebückter Haltung spielen, damit man meinen Kopf nicht sehen konnte.

Das blecherne Scheppern einer Kuhglocke signalisierte den Beginn der Vorstellung, der Kinderlärm verstummte und die obligatorische Frage »Seid ihr alle da?« wurde mit einem vor lauter Begeisterung geschrienen, lang gezogenen »Jaaaaaaa …!« beantwortet. Noch war mir nicht ganz klar, wie ich die Handlung aufbauen sollte. Ich hatte verschiedene Rollen zu spielen, den Kaspar, die Gretel, die Oma, den Polizisten, den Teufel und den Wolf. Egal, wie auch immer, das Böse musste mit der Klatsche bekämpft werden und das Gute musste zum Schluss siegen. Für einen Moment kam ich ins Grübeln, ließ, um Zeit zu gewinnen, wieder mal die Oma auf der Suche nach ihrer Brille auftauchen, konnte aber das sich aus der Konstellation der Protagonisten ergebende Problem nicht so schnell lösen.

Wer von den Akteuren musste am Ende des Spiels vom Kaspar eins auf den Deckel kriegen und zur Erleichterung und Erheiterung aller mausetot nach hinten wegkippen? Vor Wochen waren die Kinder an Halloween im Kindergarten mit kleinen aufgesetzten, blinkenden Teufelshörnern, verkleidet als kleine, possierliche Teufelchen herumgetollt – die Gestalt des Luzifers scheint bei den Kindern seinen Schrecken verloren zu haben. Der Oma und der Gretel konnte ich nichts Böses andichten und dem Polizisten schon dreimal nicht. Als Bösewicht blieb nur der Wolf.

Die Situation, in die ich mich selbst hineinmanövriert hatte, war verzwickt. Was nun, wenn im Kindergarten in Berlin und Hamburg die Erzieherinnen den Enkelkindern von den neulich in der Zeitung abgebildeten jungen Wölfen erzählt hatten und auch, wie schön es wäre, tauchten auch bei uns bald so »niedliche« kleine Wölfe auf? In diesem Moment wurde mir klar, wie leicht es ist, anderen, insbesondere Kindern seine Meinung aufzudrücken. Ein Kompromiss musste her und der war schnell gefunden.

Nachdem ich die Oma dreimal mit großem Erfolg hatte auftreten lassen, ließ ich unter lautem Donnergrollen endlich den schauerlich aufheulenden Wolf erscheinen. Großes, wenn auch nur gespieltes Angstgeschrei bei den Kindern. Darauf hatte ich gewartet. Denn nun konnte ich, zum großen Gaudium der Kinder, getrost den Kasper mehrfach kräftig mit der lauten Klatsche dem Wolf eine auf die Schnauze hauen lassen. Nein, ich ließ den Grauen nicht tot nach hinten kippen. Ich ließ den Kasper ihn nur vergrämen und dem aufheulenden, flüchtenden Wolf nachrufen: »Und lass dich hier nie wieder blicken!«

Im nächsten Jahr wird es sicher eine Fortsetzung meiner Aufführung geben, je nachdem, wie sich die Realposse in unserem Wolfserwartungsland entwickelt. Um dem Wolf im nächsten Stück tatsächlich mit der Klatsche den Garaus machen zu müssen, müsste er zuerst die nach ihrer Brille suchende, tüdelige Oma auffressen. Es bleibt zu hoffen, dass es nicht so weit kommt.

Kasperl haut dem Bösewicht auf die Schnauze: ein Klassiker im Puppentheater.

FEUER MACHEN

> *Ein flackerndes Feuer spendet nicht nur Licht und Wärme, sondern regt alle Sinne an – vor allem am Streckenplatz.*

EIN BISSCHEN IST MIR aus meiner Gymnasialzeit, als man uns auch Einblicke in die griechische Mythologie zu vermitteln suchte, noch in Erinnerung, etwa dass ein Riese namens Prometheus den Menschen das Feuer gebracht haben soll. Einen offensichtlich trockenen Stängel des Riesenfenchels, ein leicht entflammbaren Gewächs, soll er angeblich am brennenden Sonnenwagen des Gottes Helios entflammt und so das Feuer für die Menschen, deren Wohlergehen ihm sehr am Herzen lag, gestohlen haben. Zur Strafe für diesen Diebstahl soll der Göttervater Zeus ihn dann an eine Felswand gekettet haben, wo ihm täglich, über viele Jahrtausende hinweg, von einem heranstreichenden Adler ein Stück aus seiner Leber gerissen wurde, bis endlich der Held Herakles den Ärmsten befreite.

Beim Einheizen und Entfachen des Feuers in meiner Jagdhütte denke ich weniger an Prometheus, wie er mit seiner malträtierten, sich immer wieder regenerierenden Leber angekettet an einem Felsen hängt. Vielmehr erinnere ich mich an die schon ergraute Fremdenführerin, die in meinen Kindertagen unweit meines Elternhauses auf der Burg der Marschälle von Pappenheim Touristen durch die damals noch dem Verfall preisgegebene Ruine führte. Höhepunkt dieser Führungen, denen ich mich als Kind gern anschloss, war die Besichtigung des tiefen Brunnens, den die Erbauer der Burg 50 Meter tief durch den Fels ausschachten ließen, um an Wasser zu gelangen. Als die Schweden im Dreißigjährigen Krieg die Burg belagerten, mit einer Kanonenkugel die Brunnenstube zerstörten und so die Förderung von Wasser unmöglich machten, mussten die Burgherren kapitulieren.

Verständlich, dass mich solche Geschichten und ein Blick in die unendlich erscheinende Tiefe des dunklen Brunnens damals sehr beeindruckten. Es dauerte immer eine Weile, bis die alte, geschichtsbewusste Dame aus ihrem großen Bund den Schlüssel für die schwere Türe fand. Kalt, feucht und modrig war die Luft in der stockfinsteren Brunnenstube, wo sie nun alte Zeitungen Blatt für Blatt zerknüllte und zu einer großen papierenen Fackel formte, diese dann nach mehrfachen erfolglosen Versuchen mit den feuchten Streichhölzern endlich in Brand setzte und in den Brunnen warf. Fauchend und qualmend schwebte das brennende Knäuel Zeitungspapier spiralförmig in die Tiefe und erleuchtete gespenstisch den Schacht, bis es schließlich, als kleines Feuerpünktchen drunten angekommen, verglomm. Ein kleines, kurzes Schauspiel war's, an das ich mich auch heute noch erinnere, wenn ich den typischen Geruch von angezündetem Zeitungspapier in die Nase bekomme. Es ist ein ganz anderer Geruch als der harzige Duft von knisternd brennenden Fichtenstämmen oder der von Wachsfackeln, die beim »Streckelegen« das Szenario unter Hörnerklang sehr romantisch beleuchten.

Als Jäger ein Feuer zu machen, ist bei genauer Betrachtung etwas sehr Archaisches, was den Menschen seit Urzeiten ein Überleben sicherte. Zwischen Jagen und Feuermachen eine Verbindung herzustellen, dürfte nicht schwerfallen. Ebenso wie der Jagdtrieb in jedem Menschen schlummert, scheint auch in jedem von uns, ohne gleich als Pyromane zu gelten, ein wenig Freude aufzukommen, wenn er ein Feuer entfacht und die Flammen ihm Licht und Wärme spenden.

Ich ertappe mich beim Anfeuern meines Hüttenherdes gern dabei, dass ich die Zeitungen, bevor ich sie brennend in das Feuerloch schiebe, nochmals rasch durchblättere. Nicht etwa aus Angst, vor Wochen, Monaten oder Jahren etwas überlesen zu haben, sondern nur, um ein wenig Rückschau zu halten, vor allem in Blättern, die schon jahrelang in meiner Hütte gestapelt sind. Sonderangebote von damals, Konzertkritiken, Unfallberichte und Veranstaltungshinweise finden sich darin, aber auch Todesanzeigen von Menschen, die schon längere Zeit unter der Erde liegen und die sich nun wieder in Erinnerung bringen. Mit dem ersten Aufflammen des angezündeten, qualmenden Zeitungspapiers ist sie dann auch wieder da, die Erinnerung an den tiefen Brunnen auf der Burg meiner Kindheit.

Der renovierte Schacht ist auch heute noch zu besichtigen, wenngleich man dabei nicht mehr von einem mystischen Schauspiel sprechen kann. Mit mehreren, an einem langen Elektrokabel hängenden Lampen wird der Brunnenschacht auf Knopfdruck mittlerweile taghell ausgeleuchtet. Wegen der starken Rußbelastung findet man in vielen Kirchen heute als Opferlichter auch keine Wachskerzen mehr. Auf Knopfdruck aufleuchtend und sich selbstständig abschaltend, entbehren die neuen Leuchtkörper, wie ich meine, jeglicher Spiritualität.

Achten wir unbedingt darauf, dass unsere Streckenfeuer fester Bestandteil unseres jagdlichen Brauchtums bleiben – und möge uns St. Hubertus davor bewahren, dass irgendwann einmal Jagdstrecken auf Knopfdruck illuminiert werden.

Feuermachen und Zündeln sind so alt wie die Menschheit.

FREIHEIT SCHENKEN

DER GERUCH VON LEDER und Klebstoff ruft in mir auch heute noch, nach so vielen Jahren, Erinnerungen an unseren Nachbarn, den alten Schuster Müller wach, der, obwohl schon hochbetagt, in unserem kleinen Ort bis Ende der 1950er-Jahre noch immer das grobe Schuhwerk der Bauern und Steinbrucharbeiter reparierte. Er gehörte zum Ortsbild. Noch heute sehe ich ihn in Gedanken vor mir, wie er mit schwerem Lederschurz in der Türe zu seiner kleinen dunklen Werkstatt steht, den Tabak in der langen Pfeife in Brand setzt und wie kurz darauf die weißen Rauchwölkchen über die Straße zu uns herüberschweben.

Um die schwere Pfeife im fast zahnlosen Mund bei der Arbeit besser halten zu können, hatte der Schuster das Mundstück mit der roten Gummidichtung aus dem Bügelverschluss einer Bierflasche versehen. So genoss er die kurzen Arbeitspausen, sah den damals noch wenigen vorbeifahrenden Autos nach, und hin und wieder nahm er die Pfeife aus dem Mund, um damit den Passanten auf der anderen Straßenseite zum Gruß wortlos zuzuwinken.

Die niedrige, dunkle, verräucherte Schusterwerkstatt hatte für mich einen ganz besonderen Reiz. Als kleinen Jungen faszinierte mich weniger die Fertigkeit, mit der Herr Müller, auf seinem niedrigen Dreibein hockend, angespitzte Holznägel in die mit einem Pfriem vorgestochenen ledernen Sohlen trieb. Unter der tief hängenden Decke hatte er auf Regalen, die mit allerlei reparaturbedürftigem Schuhwerk vollgestopft waren, kleine hölzerne Käfige von der Größe eines Schuhkartons stehen, in denen bunte, kleine Vögel herumturnten, soweit das die Enge ihrer Behausung überhaupt zuließ.

Den eher tristen Raum erfüllte ein Piepen und Zwitschern, ein Pfeifen und Singen, das einem bei geschlossenen Augen hätte glauben machen können, man stünde im Wald, wären einem beim Eintreten nicht der beißende Tabakrauch und der Geruch von Leder und Klebstoff in die Nase gestiegen. Es waren keine üblichen Käfigvögel, wie Wellensittiche oder Kanarienvögel, die da eng zusammengepfercht ihr Leben fristen mussten. Es waren Vögel, die ich von unserem Futterhaus und aus unserem Garten kannte. Ich erinne-

Wohl kaum ein Kind hatte ihn nicht, den Teddybären.
Die Sympathie für Meister Petz ist geblieben.

re mich an ihr Aussehen ganz genau, und heute weiß ich, es waren Dompfaff, Grün- und Buchfinken, Kohlmeisen und auch Haussperlinge, die den eintönigen Tagesablauf des alten Schuhflickers ein wenig beleben und unterhaltsamer gestalten sollten.

Solche Vögel wollte ich auch in meinem Zimmer haben. Sie kosteten nichts und sie waren leicht zu fangen. Das Prinzip war einfach: Futter in eine Kiste geben und den Deckel mit einem Stöckchen offen halten. Am Stöckchen war eine lange Schnur befestigt, die mehrere Meter bis zum Küchenfenster reichte, hinter dem ich auf der Lauer lag. War ein Vogel arglos zu den Körnern in die Kiste gehüpft, brauchte ich nur leicht an der Schnur zu zupfen, und schon fiel der Deckel und der Vogel war gefangen. So einfach war das und dennoch für mich so aufregend. Anfangs waren es nur Meisen, dann aber auch eine Amsel, die ich behutsam aus der Falle barg und mit in mein Zimmer nahm, wo sie aufgeregt in Panik herumflatterten, bis sie irgendwann ermattet irgendwo hinter Schrank und Bett zu Boden gingen.

So glücklich ich anfangs über meine Fangerfolge auch war, so sehr bemitleidete ich schnell die ängstlichen, hastig atmenden, gefiederten Kreaturen, und mein Gewissen plagte mich. Wie war ich erleichtert, welch eine große Genugtuung verspürte ich und welch ein großes Glück beseelte mich, als ich das Fenster öffnete und ein Vogerl nach dem anderen wieder den Weg in die Freiheit fand. Nie mehr stellte ich die Falle fängisch, und auch später in meiner Jägerlaufbahn konnte ich dem Lebendfang von Tieren, den von Ratten und Mäuse einmal ausgenommen, nie etwas abgewinnen.

Ich denke oft an die Vögel des Schusters und an meine kurzzeitigen gefiederten Zimmergenossen von damals, wenn sich jetzt nach dem ersten Schnee die Meisen und Grünfinken wieder vom Fensterbrett und am Futterautomaten im Garten die Körner und Kerne holen. Angst brauchen sie vor mir nicht zu haben, wenngleich ich manchmal gern so ein Vogerl, ähnlich wie damals, behutsam in die Hand nehmen und mit dem Finger über sein Gefieder streichen möchte. Es kann nicht gelingen, so einen kleinen, in Freiheit aufgewachsenen Vogel zu zähmen, ihm die Angst vor dem Menschen zu nehmen. Meinen größten Respekt verdienen da die Falkner, die es verstehen, mit einem Vogel will heißen einem Greifvogel so zu kommunizieren, dass er nach einem erfolglosen Beuteflug immer wieder zurückkommt.

Kaum einer hat das Geheimnis dieser Vertrautheit zwischen Vogel und Mensch besser wiedergegeben als Horst Stern, der sich zur Falknerei so treffend geäußert hat: »Es wird immer wieder Menschen geben, die der Faszination unterliegen, Vögel an sich zu binden, indem sie ihnen immer wieder die Freiheit geben …« Schon Konfuzius hat vor über 2000 Jahren den Rat gegeben: »Was du liebst, lass frei. Kommt es zurück, gehört es dir für immer.«

Die von mir gefangenen und wieder freigelassenen Vögel kamen, so glaubte ich damals, auch am Tag danach wieder, und sie kommen noch nach so vielen Jahren in großer Zahl, nisten in unserem Garten, besuchen das Vogelhaus und freuen sich ihrer Freiheit. Wie recht hatte doch der chinesische Philosoph.

Nur wenige Kilometer von meinem Revier entfernt wurde vor einigen Jahren ein Gnadenhof für Bären errichtet, auf dem Braunbären hauptsächlich aus osteuropäischen Gebieten ein neues, halbwegs artgerechtes Zuhause finden, nachdem sie ihr Leben lang als Zirkusbären zur Belustigung sensationshungriger Menschen ihr Leben fristen und auf engstem Raum in Käfigen dahinvegetieren mussten. In dem riesigen Freigehege des Bärenhofes erfahren sie auf ihre alten Tage, wie wohltuend es ist, sich im Gras zu wälzen, ihr dickes Fell an borkiger Rinde zu scheuern, mit den Tatzen im Erdreich zu wühlen und zum ersten Mal ein Gefühl von Freiheit zu spüren, wenngleich auch hier ein Zaun den Weg in die freie Wildbahn versperrt. Diese Gitterstäbe aber dienen ihrem Schutz und garantieren Geborgenheit.

Ich denke mir oft, ein Bär, wie vor Jahren der Bär »Bruno«, der in unserem dicht besiedelten Land ziel- und orientierungslos umherstreifen musste, sich auf der Suche nach Nahrung nicht nur bei Schafhaltern unbeliebt machte und schließlich, als Problembär abgestempelt, von Hobbyfotografen verfolgt, von den Medien immer wieder ins Rampenlicht gezerrt, auf behördlichen Druck exekutiert werden musste, hätte sich hier im Bärenpark wohler gefühlt.

Der hohen Kunstfertigkeit eines Präparators ist es zu verdanken, dass »Bruno« heute in einem Museum zu bestaunen ist, lebensecht, so als ob er noch leben würde. Aber halt nur so als ob.

VON DER ZUFRIEDENHEIT DES GAMSJÄGERS

NOCH LANGE VOR DEM MORGENGRAUEN aufstehen, um den grenznahen Bock vor dem Einwechseln in seinen nachbarlichen Einstand abzupassen oder gar bis spät in die Nacht auf zu Schaden gehende Sauen ansitzen – womöglich unter Zuhilfenahme einer kriegswaffentauglichen Nachtsichtoptik –, kann einen mit der Zeit bei aller Passion übermüden und mürbe machen. Solche schlafraubenden, verständnisvolle Partner erfordernden Jagdgänge, die den Haussegen nicht selten in eine nur schwer wieder ins rechte Lot rückende Schieflage bringen können, kennt der Bergjäger weniger. Die Jagd, so habe ich einen alten Jäger sagen hören, sei wie eine Geliebte. Nicht immer würde sie toleriert und man tue gut daran, sich heimlich zu ihr zu schleichen.

Solch eine »Heimlichtuerei« bleibt dem Bergjäger, der sich für ein paar Tage mit seinem Hund alleine auf eine Hütte zurückzieht, erspart. Zu Recht sagt man »auf eine« und nicht »in eine« Hütte. »In die Hütte« würde eher *sich verkriechen* bedeuten. »Auf der Hütte«, so empfinde ich das, heißt frei sein, offen sein für alles, was uns bewegt und begegnet. Die Freiheit ist das Feuer der Jagd, schrieb einst Eugen Wyler. In der Geschichte aller Völker der Erde, so der Schweizer Jagdphilosoph, sei der Jäger bis zum heutigen Tag die Gestalt der Freiheit geblieben. Tempi passati! Die Bürokratie und der behördliche Druck, der heute auf uns Jägern lastet, lässt dieses Freiheitsgefühl kaum noch aufkommen. Im Berg, auf der Hütte können wir es noch spüren.

Es ist nicht nur die frische Bergluft, die einen leichter atmen lässt. Man fühlt sich hoch oben über allem stehend und ist mittendrin in einer bezaubernden Welt, kann sich ganz dem Hüttenleben hingeben, das gern und oft zu Unrecht als »spartanisch« bezeichnet wird. Ein Flasche Zweigelt, die man den Berg hochgeschleppt hat, um damit dem Brunnenwasser eine besondere geschmackliche Note zu verleihen, ein Laib Brot, ein paar Eier, ein Stück Bergkäse und ein großes Stück durchwachsener Speck zum Anbraten lassen einen gern auf die gewohnte Hausmannskost oder gar das eintönige Kantinenessen verzichten. Auch die Nacht in der so typischen leicht muffigen Hüttenluft, auf harter, von Mäusen angenagter Matratze, nimmt man für die gewonnene Freiheit ebenso gern in Kauf wie den kalten, feuchten Holzsitz in dem etwas abseits gelegenen Häuschen mit dem in die Tür geschnittenen, licht- und lufteinlassenden Herz. Nicht nur dem Bergjäger, auch dem passionierten, auf die Natur Rücksicht nehmenden Bergsteiger sind solche Augenblicke des Freiseins vergönnt. Das ist es, was uns miteinander verbindet. Jagd muss nicht unbedingt mit einer Beute und das Bergsteigen nicht mit dem Erklimmen eines Gipfels gekrönt werden.

Ein wenig wehmütig kann einem als Bergjäger schon ums Herz werden, wenn das Vieh von den Almen wieder zu Tal in den heimatlichen Stall gebracht ist und das vielstimmige Glockengebimmel, das Milchkannengeklapper und auch die sehnsüchtigen Rufe der Hirsche verstummt sind, wenn aus den Almkasern der Bauern kein duftender, im klaren Himmel sich auflösender Holzrauch mehr aufsteigt, wenn die Fensterläden zugedrückt sind und der Stacheldrahtzaum um die Almhütten aufgerollt ist. Abschiedsstimmung macht sich in den jetzt schon deutlich kürzer werdenden Tagen breit und dennoch ist man erfüllt von Vorfreude auf das Kommende. Die Nächte werden klar und kalt und das Jahr des Bergjägers neigt sich seinem Ende zu. Noch hält die Natur in ihrem Füllhorn, aus dem sie uns im Lauf der Jahreszeiten mit Wunderbarem beschenkt, etwas bereit, das nur dem Jäger in den Bergen vergönnt ist: das Waidwerk auf den Gams. Wie kaum eine andere verlangt die Jagd im Berg vom Jäger gute körperliche Kondition, Trittsicherheit, Schwindelfreiheit, Besonnenheit und Ortskenntnis, und kaum eine andere Jagd ist so untrennbar mit einer behaglichen Behausung, der Hütte, verbunden, die Geborgenheit gibt und in der Bergeinsamkeit glücklich sein lässt.

Warm fällt der Schein der Petroleumlampe durch das kleine Fenster der Jagdhütte auf den von Reif überhauchten Almboden. Frühes Aufstehen und ein Ansitzen bis spät in die Nacht bleiben dem Gamsjäger erspart. Ihm bleibt Zeit, in dem über Nacht erkalteten Herd mit frisch gespaltenen Fichtenscheitern ein neues Feuer zu entfachen, das Teewasser aufzusetzen, sich ein kräftiges Frühstück zu machen, die Eisblumen vom Fenster zu kratzen und einen ersten Blick hinüber zu den Gams in den von grasigen Buckeln aufgelockerten Latschenfelder zu werfen. Im Berg jagen heißt keine Eile haben, heißt, wie Eugen Wyler sagt, frei sein, nicht viel wollen, zufrieden sein.

Das Licht einer Petroleumlampe, ein Feuer im Herd und ein heißer Tee genügen, um sich glücklich und geborgen zu fühlen.

»STAAD HALTEN«

Zwischen den Jahren wird uns besonders bewusst, wie schnell die Zeit vergeht. Sie ist eines der kostbarsten Güter.

WEIHNACHTEN IST LÄNGST VORBEI, aber erst heute komme ich dazu, ein ganz besonderes Geschenk einzulösen. Wir hatten im Familienkreis vereinbart, diesmal nicht nützliche oder wie gewöhnlich weniger nützliche, materielle Dinge unter den Weihnachtsbaum zu legen, sondern uns gegenseitig Zeit zu schenken. Zeit füreinander und Zeit, die jeder zwischen den Jahren ganz alleine für sich nutzen dürfte, ohne dabei ein schlechtes Gewissen haben zu müssen. Zugegeben, auf den ersten Blick ein sehr preiswertes und praktisches Geschenk, aber bei genauerer Betrachtung dann doch ziemlich aufwendig, da man es weder mit einem Tastenklick »online« bestellen noch im Kaufhaus erwerben kann. Einer besonderen Verpackung mit Schleife bedarf es nicht, wenngleich man spürt, dass man etwas von sich hergibt, was einem selbst in der Hektik des Alltages sehr wertvoll ist.

Bei aller Hektik, so der bekannte Motivationstrainer Arthur Lassen, sollten wir nicht vergessen, dass Zeit das begrenzteste Mittel ist, welches wir Menschen zur Verfügung haben. Deshalb sollten wir uns öfter Zeit nehmen:

Für die Liebe – denn sie ist das Geheimnis des Lebens!
Zum Spielen – dies ist die Freude der Jugend!
Zum Träumen – denn dies ist die Wahrung unserer Hoffnung!
Zum Lachen – dies ist die Würze des Lebens!
Zum Arbeiten – denn dies ist der Preis unseres Erfolgs!
Nehmen wir uns einfach Zeit!

Heute in dieser sternenklaren Winternacht halte ich es mit dem großen kärtnerischen Jäger Otto Zernatto, der sagt: »Die Zeit, oh Freund, bleibt niemals stehen, drum nutze sie zum Jagerngehen.«

Ich habe Zeit, geschenkte Zeit bis über die Mitternacht hinaus, um auf den Fuchs zu passen, dessen plötzliches Auftauchen, dessen über dem Schneefeld zu schweben scheinende Silhouette mich jedes Mal glücklich erschreckt. Was für ein sinniges und wertvolles, aus dem tiefsten Herzen kommendes Weihnachtsgeschenk. Zeit! Zeit zum Schauen und Lauschen, zum Besinnen, zur stillen Einkehr und Zeit, um das innere Gleichgewicht wiederzufinden. Der jagdliche Erfolg, die Beute, ist dabei willkommen und erwünscht, ist die Triebfeder, die mich hinaustreibt, ist aber nicht unabdingbar. Schon wenige Minuten auch unbewusst geschenkter Zeit können Freude bereiten und Dankbarkeit auslösen. Mir ist das unlängst erst so richtig klar geworden.

So oft ich auch bei meinen Überlandfahrten am Hof vom Hans vorbeikomme und den Bauern in Sichtweite an seinem Traktor montieren oder bei den Pferden stehen sehe, halte ich an und lasse bei laufendem Motor das Fenster herunter. Schnell lässt der Hans die Mistgabel oder den Schraubenschlüssel

Oft nicke ich beim nächtlichen Fuchspassen ein und sehe ihn dann vor meinem geistigen Auge.

fallen, wischt sich die schmutzigen Hände an seinem grauen Stallmantel ab und kommt freudig überrascht herbei. Auch seine Kurzhaarhündin unterbricht ihr Buddeln im Misthaufen oder das Herumkauen auf irgendeinem Holz- oder Knochenstück, eilt dem Hans voraus und springt trotz der »Pfui, pfui!«-Rufe ihres Herrn an der Autotüre hoch, um sich kurz abliebeln zu lassen. Mit dem Ärmel seines Mantels wischt der Hans die Spuren weg, die seine Hündin am Lack hinterlassen hat, stützt sich mit den Händen am Autodach ab und beugt sich für einen kleinen Ratsch zu mir herunter.

Die Gespräche über das Wetter, die Pferde, die Jagd, die Kommunalpolitik oder irgendwelche Wehwehchen sind belanglos, aber dennoch sieht man dem Hans an, wie willkommen ihm die kurze Unterbrechung seiner Arbeit ist und wie sehr ihm die kurze Begegnung Freude macht. Ich muss weiter und lasse den Wagen langsam wieder anrollen, da klopft mir der Hans noch schnell auf die Schulter, sagt »Pfü di Gott!« und vergisst nie, noch hinzuzufügen: »Dank dir schön, dass'd staad g'halten hast!« Man stelle sich das vor, ein Dank für ein oder zwei Minuten des Innehaltens bei laufendem Motor, die man sonst völlig gedankenlos vor einer roten Ampel verbringt oder im Stau des Berufsverkehrs sinnlos vergeuden muss.

Zwei Stunden meines noblen Weihnachtsgeschenks habe ich schon verbraucht oder besser gesagt, in vollen Zügen genossen. Der Fuchs hat sich noch nicht gezeigt. Dennoch habe ich viele schöne Bilder gesehen, wenn auch nur vor dem geistigen Auge. Immer und immer wurden Erinnerungen wach, an die Fuchsnächte vergangener Jahre, an frühere Jagderlebnisse und auch an Menschen, mit denen ich in Gedanken verbunden bin. Und, zugegeben, zweimal war ich auch für wenige Sekunden eingenickt. Was soll's? Ich habe Zeit, auch zum Träumen. Ich habe keine Hast und keine Eile. Ich fühle mich im warmen Ansitzsack geborgen und mir kommen die Worte von Heribert Horneck, dem früheren Chefredakteur des »Anblicks« in den Sinn: »In mir ist die große Stille erfüllter Sehnsucht. Ich habe keine Hast. Denn niemand braucht zu eilen, der schon zu Hause ist.«

Wenn ich demnächst wieder beim Hans vorbeikomme, werde ich ihm von meinem Ansitz berichten: »Nix is ganga!« Und er wird sich trotzdem freuen, dass ich »staad g'halten hab«. Meine Wünsche zum Geburtstag stehen auch schon fest: Zeit!

WENN DER WINTER NAHT

DIE MURMELTIERE droben auf den Almen haben längst mit trockenen Gräsern und Halmen ihre Baue ausgepolstert, die Siebenschläfer haben mit Moos den Hohlraum in der Wandverkleidung meiner Hütte zu einer warmen Liegestatt umfunktioniert, und auch die Mäuse waren während der letzten Wochen eifrig dabei, mit Schaumstoffflocken, die sie während meiner Abwesendheit schamlos aus der Eckbankpolsterung herausgeknabbert hatten, in der Tischschublade ein gut isoliertes Winterquartier einzurichten. Die Fertigstellung dieser Schubladenbehausung konnte ich gerade noch rechtzeitig verhindern und so die kleinen, langschwänzigen Flitzer vergrämen, bevor ich mich daran machte, Brennholz zu spalten und einen ausreichenden Vorrat in der Hütte einzulagern.

Komisch ist das schon, dachte ich mir während dieser, jedes Jahr im Herbst wieder anstehenden Arbeit. Tiere und Menschen haben doch vieles gemeinsam. Wir bezeichnen uns gern als die Krone der Schöpfung, aber im Prinzip sind wir doch, Mensch und Tier, alle gleich, alle nach einem ähnlichen Bauplan konstruiert oder, salopp ausgedrückt, nach dem gleichen Muster gestrickt. Wir suchen nach einem Partner, paaren uns, vermehren uns, sorgen für unseren Nachwuchs, kümmern uns um das tägliche Brot, und alle, egal ob Murmel, Siebenschläfer, Maus oder Mensch, wollen wir es im Winter gern warm haben. Wie konnte ich den Mäusen ihr aus meiner Sicht unlöbliches Tun nur so vermiesen?

Für die meisten Menschen, besonders in den Städten, ist die Beheizung ihrer Behausung kein Thema. Nahtlos sorgt der Thermostat das ganze Jahr für eine gleichbleibende Raumtemperatur; kein Sammeln von Heizmaterial, kein Schleppen von Holz oder Kohle. Die einzige Schwierigkeit besteht darin, die Entwicklung des Heizöl- oder Gaspreises zu beobachten, um dann im günstigsten Moment zuzuschlagen. In meiner Hütte ist das ganz anders. Ich bekomme da ein ganz anderes Verhältnis zur Wärme. Ich schätze sie noch mehr, gehe mit ihr noch sparsamer um und versuche sie noch mehr zu konservieren, weil ich für ihre Erzeugung selbst Hand angelegt, will heißen Bäume gefällt und Scheite mit der Hacke gespaltet habe.

Schon das Aufrichten eines Holzstoßes kann eine sehr interessante, ja mitunter sogar eine geradezu meditative Beschäftigung sein. Jedes Holzscheit gleitet durch meine Hände. Ich rieche das aromatische Harz, sehe die beinahe künstlerisch angelegten, ornamentartig verzweigten typischen Rinnen und Furchen, die der Borkenkäfer unter der Rinde angelegt hat, und ich bin dabei bemüht, die einzelnen Holzstücke passgenau nach den Gesetzen der Statik neben- und aufeinanderzuschichten. Der Ausdruck »Holz vor der Hütte haben« wird heute, wie allgemein bekannt, gern missbräuchlich benutzt, ist aber dennoch oder gerade deshalb ein Indiz dafür, welch hohen Stellenwert ein säuberlich aufgeschichteter Holzstoß besitzt, wenngleich es übertrieben wäre, ihm eine erotische Ausstrahlung anzudichten.

Seitdem sich die weniger lukrativen Äste und Wipfel gefällter Fichten vor Ort innerhalb weniger Minuten maschinell zu begehrten Hackschnitzeln verarbeiten lassen, begegne ich in meinem Revier nur noch selten einem mit Säge und Hacke ausgerüsteten Brennholzwerber. Oft habe ich sie verwünscht, die Brennholzsammler, wenn sie nach Feierabend zur besten Ansitzzeit damit begannen, in mühevoller Handarbeit die armdicken Fichtenäste aufzuarbeiten und dann die Meterstücke fernab jeder Forststraße zum Trocknen akkurat aufschichteten.

Vor meinem Hochsitz steht seit einigen Jahren so ein Ster Fichtenholz. Anfangs war er noch zum Schutz gegen den Regen mit leeren Kunstdüngersäcken und einer hässlichen, blauen Plane bedeckt und mit Steinen beschwert. Diesen Regenschutz hat längst der Wind zerfleddert oder irgendein Wanderer glaubte vielleicht, dafür Verwendung zu haben. Das Holz ist mittlerweile feucht und morsch, die Rinde abgeblättert. Zum Heizen taugt es nicht mehr. Warum hat es der Werber nie abgeholt? Hat er mittlerweile Öl- oder Hackschnitzelheizung? Hat er das Holz in dem weitverzweigten Wald nicht mehr gefunden? Ist er mittlerweile alt und gebrechlich geworden und nicht mehr in der Lage, das einst wertvolle Holz zu bergen? Lebt er vielleicht gar nicht mehr oder hat er in verschiedenen Waldabteilungen gearbeitet und vor lauter Holz den Stapel hier vor meinem Hochsitz einfach vergessen?

Ein Eichelhäher streicht heran. Im Schnabel trägt er eine Eichel. Hinter dem Stapel schwingt er sich, für mich nicht sichtbar, auf dem Waldboden ein, um schon nach wenigen Augenblicken wieder durchzustarten und mit leerem

Sonne ist Leben, aber auch der Mond hat großen Reiz für uns.

Schnabel davonzustreichen. Er muss die Eichel als Vorrat für den nahenden Winter in einem Depot unter der Fichte deponiert haben. Ob er sie je wieder findet, wenn die ersten Flocken fallen? Ich kann es mir nicht vorstellen. Aber im nächsten Jahr wird daraus eine kleine Eiche keimen und die Bemühungen Markwarts waren nicht umsonst.

Und was wird aus dem Holzstoß? Irgendwann wird er allmählich verfallen, in sich zusammenstürzen, vermodern und dem Boden Nährstoffe zurückgeben. Ich aber werde mich sicher noch einige Jahre am Anblick dieser von Menschenhand errichteten »Installation« erfreuen können und sie als eine Art Denkmal betrachten, zur Erinnerung an eine Zeit, in der es in den Wäldern noch beschaulich zuging, ohne den dröhnenden Lärm der Vollernter und Hackschnitzelgeräte.

DIE TIGERNUMMER

Tiere im Zirkus auftreten zu lassen, wird oft kritisiert. Solche Shows haben mitunter aber erzieherischen Wert.

DER CLOWN, der in langen Zügen Wasser aus einer Flasche aufnahm, es aber nicht schluckte, sondern im Mund aufbewahrte, sodass es ihm die Backen wie bei einem Posaunisten aufblähte, war der Renner im Weihnachtszirkus. Die Zuschauer, Erwachsene wie Kinder gleichermaßen, schrien vor Lachen, wenn er sich, allerlei Grimassen schneidend, an den vorderen Rängen entlangschlich, um sich wieder ein Opfer auszusuchen, das damit rechnen musste, augenblicklich von einem kräftig ausgepusteten Wasserstrahl des Spaßmachers getroffen zu werden. Wann und wo wird er zuschlagen?

Schützend hielten sich die Besucher die Hände vor das Gesicht oder vergruben den Kopf in dicken Winterjacken, um ja nicht getroffen zu werden. Das ganze Zelt tobte. Das ist eben die große Kunst der Clowns, mit ganz einfachen Mitteln, nur mit ein paar Schlucken Wasser, Spannung zu erzeugen und größte Heiterkeit auszulösen. Meine beiden kleinen Enkelbuben juchzten vor Freude, und ich musste befürchten, dass sie später zu Hause nichts Besseres zu tun haben würden, als es dem Clown gleichzutun.

Nun wurde es spannend. Große, schwere Gitterelemente wurden in die Manege getragen und zu einem großen Käfig zusammengefügt. Die Kinder rutschten schon ungeduldig auf dem Schoß ihrer Mütter hin und her, denn sie wussten, dass nun die Tiger kommen würden, die ihnen aus Kinder- und Bilderbüchern des genialen Zeichners Janosch längst bekannt waren. Jetzt kommen ganz echte! Ich konnte von meinem Platz aus durch einen Spalt im Vorhang sozusagen hinter die Kulissen schauen, wo der Dompteur, ein großer, kräftiger Mann in goldenem Glitzergewand, in sich gekehrt und offensichtlich hoch konzentriert auf- und abschritt. Was mochte in diesem Moment in seinem Kopf vorgegangen sein?

Fünf Tiger, davon jedes Tier ein Individuum mit eigenen Charakterzügen, friedlich vereint präsentieren und so auf sie einwirken können, dass sie bedingungslos den Befehlen des Dompteurs folgen, das erfordert ein Höchstmaß an Einfühlungsvermögen in die Tierseele. Ich dachte in diesem Moment an die Hundekurse zur Vorbereitung auf die Brauchbarkeitsprüfung. Was gab es da zu Beginn immer für Raufereien und Beißereien unter den Rüden und zudem noch Flüche und Schuldzuweisungen der Hundebesitzer untereinander, ein Schlagen mit Gerten, ein Zerren an Leinen und Stachelhalsbändern, bis endlich wieder Ruhe einkehrte und sich die Kontrahenten mit eingezogener Rute die Wunden leckten.

Der Dompteur rüttelte zur Sicherheitsüberprüfung noch einmal an den Gitterstäben, gab da und dort seinen zahlreichen Helfern letzte Anweisungen. Die Spannung stieg. Über Lautsprecher kam von der grazilen Zirkusdirektorin die dringende Bitte an die Zuschauer in den vorderen Reihen, nicht

Als Kind träumte ich davon, Dompteur zu werden.
Heute freut mich der Anblick der Tiere in Freiheit.

mit den Händen über die Bande zu langen, und schon trollten fünf ausgewachsene, wunderschöne Tiger wie endlich aus dem Zwinger freigelassene Hunde über einen Schacht in die Arena.

Der Dompteur hatte den Käfig noch nicht betreten, da plötzlich ein greller Aufschrei. Blankes Entsetzen für einige Sekunden. Eines der Raubtiere hatte mit seiner Pranke blitzschnell zwischen den Eisenstäben in Richtung einer Zuschauerin gegriffen und etwas an sich gerissen. Man konnte nicht erkennen, was es war, denn schon stürzten sich die anderen Tiger auf ihren Artgenossen, um ihm die Beute streitig zu machen. An was denkt man nicht alles in solch einer Schrecksekunde. Ein Kind, ein kleiner Hund ? Es war, gottlob, nur eine Felljacke, die eine Zuschauerin auf der Bande abgelegt hatte.

Schnell hatte der Tigerbändiger reagiert und nun alle Hände voll zu tun, um die raufenden Tiere, die nun auch mit aufgerissenen Mäulern, lautem Gebrüll und krallenbewehrten Prankenhieben ihrem Meister drohten, zu trennen und zu beruhigen. Die ganze Vorführung war aus dem Ruder gelaufen und drohte zu eskalieren. Die Tiger hatten keine Stachelhalsbänder und keine Leinen angelegt, an denen er hätte reißen und die Tiere zur Räson bringen können.

Der tapfere Mann war Pole und so konnte ich seine geschrienen Kommandos nicht deuten. Ich glaube nicht, dass es Flüche waren, die er ausstieß. Einen Moment hatte ich große Angst um ihn. Ich sah, in welch einer Stresssituation er sich befand, wie ihm der Schweiß von der Stirne rann. Die Peitsche, mit der er nichts mehr ausrichten konnte, hatte er gegen ein eisernes Podest vertauscht, mit dem er gegen die Tiere vorging, ihnen drohte und sie schließlich, eines nach dem anderen, zum Rückzug durch die Schleuse bewegen konnte. Ich glaube, noch nie zuvor bekam der Dompteur so großen, enthusiastischen Beifall wie in diesem Moment.

Die Enkel hatten wohl etwas Angst gehabt, vom Clown nassgespritzt zu werden. Von der Tigernummer aber waren sie begeistert, die „Rauferei“ fanden sie lustig. Zu Hause bewaffneten sie sich mit kleinen Stöcken und wollten mit dem Jack Russel und der Schweißhündin diese Situation nachspielen. Fehlanzeige. Der Jack Russel verzog sich desinteressiert in seinen Korb und die Schweißhündin ließ alles mit sich machen, ohne dass sie auch nur einmal kurz geknurrt hätte. Doch spätestens beim Hundekurs in einigen Jahren werden Leopold und Vincent erfahren müssen, dass Hunde kein Spielzeug sind.

»DEM FRANZ SEI' UHR«

Die Zeit schenkt und verdrängt. Der unverhoffte Augenblick kann zu den schönsten in unserem Leben zählen.

SO VIELFÄLTIG DIE JAGD AUCH IST, so gibt es doch jagdliche Momente, Augenblicke oder Begegnungen, die sich alle Jahre wiederholen. Vertraute Szenen, die, wie von einem Regisseur immer wieder neu inszeniert, alljährlich ihren eigenen, besonderen Reiz haben. In der Jagdkunst finden diese bekannten Momente ihren Niederschlag und werden von jedem Künstler auf seine Weise interpretiert und gestaltet. Der röhrende Hirsch am Wildbach, der Keiler im Mondlicht, der balzende Auerhahn oder der Gamsbock auf hohem Fels finden sich auf Ölgemälden und Schützenscheiben ebenso wie auf Bierkrügen, Flaschenetiketten oder Reserveradabdeckungen von Jägerautos.

Der aufklappbare Deckel von Franz' silberner Taschenuhr mit einem Durchmesser von grade mal fünf Zentimetern ist nicht etwa der Schauplatz eines Kampfes zwischen zwei Kronenhirschen, sondern eines kleinen, aber feinen Waidwerks, grad so wie es der Franz liebte: Ein im Schilf stöbernder, langhaariger Vorstehhund macht einen Erpel hoch. Der Künstler, der diese feine, subtile Treibarbeit aus Silberblech gefertigt hatte, muss etwas von der Jagd verstanden haben. Man glaubt, das trockene Schilf rascheln, den Hund hecheln, das Wasser platschen und den Erpel quaken zu hören. Dem ein wenig abgegriffenen Klappdeckel, der durch Druck auf die Krone aufspringt, sind die vielen Jahrzehnte anzusehen, die dieser mechanische Zeitmesser dem Franz gedient haben mag.

Tagsüber bei der Stall- oder Feldarbeit verwahrte er die mit einer feingliedrigen Kette an einem Knopfloch befestigte Uhr in der rechten Westentasche. Er war auf sie angewiesen, denn nur selten trug der Wind den jede

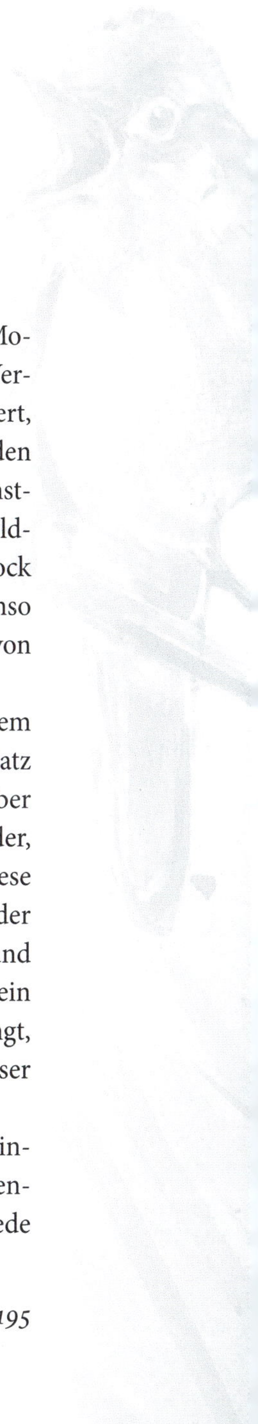

Ein nur kurzer Augenblick, aber doch so beglückend

volle Stunde anzeigenden Glockenschlag der Dorfkirche herauf zu seinem auf einer Anhöhe liegenden Hof. Er trug die Uhr immer bei sich, wenngleich er beim abendlichen Ansitz auf Rehwild darauf hätte verzichten können. »I geh hoam, wenn's dunkel wird«.

Einen kleinen Teil von dem, was die Jagd an Wildbret, der Hof an Schlachtvieh und der von seiner Frau Anna gepflegte Garten an Salat, Gemüse und Kräutern hergab, verarbeitete Franz mit großer Leidenschaft in seiner Küche selbst. Ihm machte das Kochen und Wursten Freude, und er brachte es dabei zu einer so großen Professionalität, dass er bald die Landwirtschaft gern aufgab und fortan in dem zu einer rustikalen Gaststube umgebauten, von einem Gewölbe überdachten Schweinestall Feinschmecker aus dem ganzen Umland anzog, bewirtete und mit auserlesenen Weinen verwöhnte. Ich sehe ihn noch heute am Herd in der Küche stehen, wie er unter der über den Bauch gespannten weißen Schürze immer wieder die Taschenuhr hervorzog, um die Gar- und Bratzeiten genau einzuhalten. Einen Signal gebenden, piepsenden Timer brauchte er ebenso wenig wie ein Kochbuch. Er hatte die Rezepte im Kopf und die Taschenuhr an der Kette. Die Nachfrage nach

Franz' selbst hergestellten Würsten, nach seinem knusprigen Schweinsbraten und Wildspezialitäten war so groß, dass er bis ins hohe Alter vom Herd nicht wegzukriegen war.

Irgendwann ging's dem Franz nicht mehr so gut. Nach einem kurzen Aufenthalt im Krankenhaus konfrontierte man ihn mit einer sehr schwerwiegenden Diagnose und er musste von heute auf morgen mit der Gewissheit leben, dass es mit ihm nicht mehr allzu lange gehen würde. Es wäre nicht seine Art gewesen, nun zu verzagen und mit seinem Herrgott zu hadern. Als Bauer und Jäger wusste er um das Werden und Vergehen auf dieser Welt und dass die Zeit für jedermann irgendwann einmal abgelaufen ist. »A bisserl, wenn's halt no gang, na war i scho z'frieden«, sagte er mir zuversichtlich bei einer unserer letzten Begegnungen auf dem Bauernmarkt.

Ich war froh und dankbar, dass ich ihn während der letzten Tage seines Lebens zu Hause ärztlich betreuen, seine Schmerzen ein wenig lindern und mit ihm immer noch ein paar Worte wechseln konnte. Die Nächte der letzten Wochen waren für Franz nicht mehr erholsam. Immer wieder, so erfuhr ich nach seinem Tod, griff er fast stündlich nach der auf dem Nachtkastl liegenden Taschenuhr, um nach der Zeit zu schauen. Die Zeit, die ihm sonst so kostbar war und viel zu schnell verging, schien ihm nun träge dahinzufließen und das Warten auf die erlösende Stunde unerträglich zu machen.

Wenige Tage nach seinem Tod drückte mir Anna ein Geschenk in die Hand mit den Worten: »Ich dank dir schön für alles, was du für 'n Franz do hast. Du bist a Jager und du sollst sie nun haben … dem Franz sei Uhr.«

Ich habe sie neben Hirschgrandeln und anderen kleinen Kostbarkeiten in einer Vitrine verwahrt, nehme sie regelmäßig heraus, um sie aufzuziehen und ihr mechanisches Werk am Laufen zu halten. Ich halte sie kurz an mein Ohr, um ihr Ticken zu hören und mich davon zu überzeugen, dass sie noch läuft. Beim Zuklappen des Uhrendeckels sehe ich wieder den vom Hund hochgemachten Erpel.

Wie viele derartige, schöne Augenblicke in Feld und Wald mag die Zeit dem Franz geschenkt haben? Und wieder wird mir klar, dass sich der große Erlebniswert der Jagd nicht allein an der Beute messen lässt. Es sind die immer wieder uns vergönnten vielen, wunderbaren Momente, die sich im Lauf eines Jagdjahres aneinanderreihen. Die unverhofften Augenblicke unseres Lebens zählen oft zu den schönsten.

ÜBER DEN AUTOR

Dr. Jörg Mangold wurde vor 75 Jahren als Sohn eines Kunstmalers im mittelfränkischen Pappenheim geboren und ist seit früher Jugend passionierter Jäger, Angler sowie leidenschaftlicher Maler. Während seines zweijährigen Studiums der Veterinärmedizin erwarb er sich Kenntnisse in der Anatomie der Wirbeltiere – unerlässliches Rüstzeug für einen Tiermaler. Er wechselte zur Humanmedizin und war bis 2022 als Allgemeinarzt auf dem Land tätig.

Heute zählt Dr. Jörg Mangold zu den bekanntesten deutschen Jagdmalern und Jagdbuchautoren. Zahlreiche Ausstellungen, Veröffentlichungen seiner Werke in Kalendern und europäischen Jagdzeitschriften, viele Jagdbuchillustrationen und seine Tätigkeit als Moderator des Fernsehsenders SEASONS verschafften ihm internationale Anerkennung.

Ein begnadeter Lehrer in der Landschaftsmalerei war für ihn sein Vater Heinrich W. Mangold, Vorbild für die Tier- und Jagdmalerei der Münchener Maler und Illustrator Walther Niedl. In literarischer Hinsicht verehrt Dr. Jörg Mangold das Schrifttum von Ludwig Benedikt Frhr. v. Cramer Klett sowie die Schriften des Schweizer Jagdphilosophen Eugen Wyler und des spanischen Philosophen José Ortega y Gasset.

BILDNACHWEIS

Mit 63 Illustrationen von Dr. Jörg Mangold

IMPRESSUM

Umschlaggestaltung von Büro Jorge Schmidt, München,
unter Verwendung einer Illustration von Dr. Jörg Mangold

Mit 61 Farb- und 2 Schwarzweißzeichnungen

Unser gesamtes Programm finden Sie unter **kosmos.de**.
Über Neuigkeiten informieren Sie regelmäßig unsere Newsletter,
einfach anmelden unter **kosmos.de/newsletter**

FSC www.fsc.org
MIX
Papier aus verantwortungsvollen Quellen
FSC® C014138

Gedruckt auf chlorfrei gebleichtem Papier

ISBN 978-3-440-17939-0
Redaktion: Ekkehard Ophoven
Gestaltung und Satz: TEXT & BILD | Michael Grätzbach
Produktion: Vanessa Frömmig
Druck und Bindung: : Finidr s.r.o., Český Těšín
Printed in The Czech Republic / Imprimè en République Tchèque